역사와 쟁점으로 살펴보는

한 국 의
병역제도

역사와 쟁점으로 살펴보는

한 국 의
병역제도

김신숙 지음

메디치

▓▓▓▓▓▓▓▓▓▓▓
▓▓▓▓▓▓▓▓▓▓▓
▓▓▓▓▓▓▓▓▓▓▓

서주석 전 국방부차관

국방부에서 일 잘하기로 소문난 김신숙 박사의 저서 《역사와 쟁점으로 살펴보는 한국의 병역제도》를 관심 있는 독자 여러분께 추천합니다. 국방인력 과장 시절 이 주제에 관한 깊이 있는 연구를 한 김 박사는 그 뒤 계획예산 과장을 거쳐 전력정책 과장으로 재직하면서 국방 운영의 핵심 업무를 꿰뚫고 있는 재원입니다.

프롤로그에도 나옵니다만, 병역문제는 우리 국민 모두가 관심을 두고 있는 중요한 얘깃거리입니다. 물론 군 입대는 청년 당사자에게 큰 부담이지만, 장병의 안전을 희구하는 부모나 형제 모두 관심이 클 수밖에 없습니다. 사회적으로도 군 복무 기간과 병사 봉급이 늘 이슈가 되고, 보다 크게는 「국방개혁 2.0」의 핵심 과업으로 국방 인력 구조 개선과 장병 복지 및 복무 여건 개선이 적극 추진되고 있습니다.

국민개병제에 따른 병역 의무의 형평성은 국방개혁에서 모두가 바라는 중요한 가치일 것입니다. 최근 들어 종교적 신앙 등에 따른 대체복무제 입법이나 예술·체육요원 근무 실태 등이 정치 이슈가 되었는데, 이는 그만큼 이 문제가 갖는 민감성을 보여준다고 하겠습니다. 국가 안보와 국방이 특히 중요한 대한민국의 현실에서 군 복무는 숭고한 의무지만, 여러 가지 사유로 복무율이 100%가 아닌 상황에서 입대하는 청년들의 부담을 다른 기관에서 대체 복무하는 청년들이나 병역 면제자들을 고려하면서 합리적으로 조정해나가야 할 것입니다.

이 책에서도 누누이 말하고 있듯 병역제도는 안보 상황과 국가 전략, 인구학과 국방 인력정책이 모두 작용하는 복잡한 방정식의 결과라고 할 수 있습니다. 특히 2020년대 전반에 남성 장정의 급격한 인구 감소가 예상되면서 기존 제도의 틀을 혁신할 필요성이 더 커지고 있습니다. 그러나 안보 현실을 감안할 때 오랫동안 거론돼 왔던 모병제로의 전환이 쉽지 않을 것이며 간부와 지원병 비율을 더 높여나가는 징모혼합제를 적극적으로 모색하고 성공적으로 정착시키기 위해 노력해야 할 것입니다.

그 밖에도 이 책은 지속 가능한 국방을 위한 과제로서 의무병 감축과 장기 복무 전문병사의 확대, 대체복무 조정, 직업군인 확보, 여군 비중 확대와 다문화 가정 출신 장병 활용 등 다양한 이슈를 다루고 있습니다. 우리 국방과 군의 미래를 인력정책의 시각에서 조명하고 전망할 수 있는 의미 있는 책입니다. 많은 독자에게 새로운 시각을 제공하리라 기대합니다.

전인범
전 특전사령관, 현 예비역 육군 중장

저자는 여성 공무원으로서 국방부에서 20년 가까이 근무해왔습니다. 유능한 공무원으로 인정받았으며, 두 자녀의 어머니로도 부족함 없이 열심히 살아왔습니다. 이런 어려운 현실 속에서 대한민국의 매우 중요하고도 복잡한 문제인 병역제도에 대한 주제를 선택해 한 권의 책을 만들었습니다.

《역사와 쟁점으로 살펴보는 한국의 병역제도》는 우리나라의 병역제도를 이해하는 데 가장 함축적이고 포괄적인 내용을 포함하는 책입니다. 특히, 병역제도와 관련된 역사적 배경과 각국의 고민은 우리에게 꼭 필요한 정보를 제공하고 있습니다.

우리나라의 병역제도는 대한민국의 탄생과 함께 시작되었으며 전쟁이라는 극한적 상황을 겪으면서 병역에 대한 시각이 긍정적인 것만 있었던 것은 아닙니다. 현시점에서는 '공정한' 병역이 실용적인 병역보다 중요한 사회가 되었으며, 공정성 이외에도 정치·경제·사회·문화 등 사회 전반의 변화에 맞는 병역제도를 요구하고 있습니다.

　이러한 중요한 시기에 《역사와 쟁점으로 살펴보는 한국의 병역제도》는 매우 중요한 참고서로서 역할을 할 것이며 앞으로 우리 사회에 있을 치열한 병역 관련 토의에 반드시 필요한 기초 자료가 되리라 확신합니다.

　저자는 여성으로서 직접적인 병역 경험을 하지 못한 것을 철저한 연구와 심도 깊은 고민으로 보완하였습니다. 또한 실무 부서에서 근무하며 유관기관을 방문하고 여러 실무자와 논의하고 의견을 교환하여 얻은 현실적인 분석을 제공했으며, 우리가 현재 직면하고 있는 문제에 대한 견해와 해결 방안을 제시하고 있습니다.

　우리는 저자의 의견에 동의 여부와 관계없이 이러한 노력에 감사하며 앞으로 있을 여러 토의를 기대해봅니다. 《역사와 쟁점으로 살펴보는 한국의 병역제도》는 이러한 이유로 우리나라 병역제도 발전의 계기가 될 것입니다. 이 책의 출판을 환영합니다.

가장 사적이면서 가장 공적인
병역제도

병역제도는 국민의 구성원인 개개인에게 부과되고 그 의무를 양도할 수 없다는 점에서 가장 개인적이다. 동시에 병역제도를 통해 국가 안보의 핵심 기제인 군대를 형성하고 군 병력을 운용한다는 점에서 가장 국가적이기도 하다.

최근 국방 분야에서는 병 복무 기간의 단축, 병 봉급 인상, 군 병력 감축 등이 국방개혁과 맞물려 속도감 있게 진행되고 있다. 2018년 소위 '양심적 병역거부자'들에 대한 헌법재판소의 판결을 계기로 이들을 위한 대체복무를 마련하는 것도 병역제도의 새로운 쟁점이 되었다. 다른 한편 저출산의 영향으로 2020년대 초반이 지나면 청년 인구가 급격히 감소하여 현재의 병력 규모를 유지하기도 어려워질 것으로 전망된다. 인구 감소는 이미 초중고 교실에서는 물론, 전국의 대학에서도 현실적 문제로 나타나고 있다. 이는 곧 사회에서 일할 청년도 줄어든다는 뜻이다.

일정 규모의 병력으로 군대를 운용하면서 군건한 전투준비태세를 유지해야 하는 우리 군으로서는 심각한 고민이 아닐 수 없다. 급속히 변화하는 환경에서 적정 군사력을 유지하기 위해 병역제도와 군 인력 체계를 어떻게 바꾸어야 할 것인가? 지금 진행되고 있는 국방개혁과 군의 다양한 혁신 노력은 시작에 불과하다.

왜 지금, 병역제도인가?

병역제도는 군대를 유지하기 위해 필요한 병사를 충원하는 방법이다. 기능상 수요 측면의 군 병력兵力과 수요와 공급 측면의 병역자원兵役資源을 연결하는 매개 제도이다. 병역제도는 크게 개인의 선택 여부에 따라 의무병제와 지원병제로 나뉘는데, 국가가 개인에게 강제적 군 복무의무를 부과하면 의무병제(또는 징병제), 개인이 지원하여 복무하면 지원병제(또는 모병제)라고 한다. 병역제도는 군 병력 구성, 복무 기간, 군사력, 군사전략 개념과 직결되어 있어 국방정책의 핵심을 차지한다.

　이렇다 보니 병역제도와 군대 문제는 불안정한 남북관계 속에서 정치 쟁점으로 쉽게 비화되어 왔다. 주요 공직자들의 인사 청문회가 있으면 맨 먼저 도마에 오르는 것이 본인이나 자식의 병역문제이다. 선거나 주요 정치적 계기마다 병역제도의 개편, 복무 기간, 병 봉급 등이 쟁점이 되어왔다. 크고 작은 군대 내 폭행사건이 발생할 때도 병역제도의 개편이 핵심 쟁점이 되곤 했다. 그러나 대체로 병역제도에 관한 논의는 변죽만 울리다가 금세 가라앉기 일쑤였고, 정치 쟁점으로 비화되어 표류하기를 반복하였다.

정치권에서만 병역제도가 단골 메뉴인 것은 아니다. 엊저녁 포장마차 집에서, 껍데기 집에서, 회식 자리에서 남자들이 하나둘 모이면 빠질 수 없는 단골 메뉴가 군대 얘기다. 때로는 추억의 소재로, 더러는 농담의 소재로, 가끔은 비판의 소재로 등장한다. 군대 얘기를 하고 또 하는 것은 군 생활이 잊지 못할 추억이어서라기보다 20대 청년들이 가장 소중한 시간을 바친 곳이 바로 군대였기 때문일 것이다. 우리 사회의 청년들, 친구들, 아버지들은 그들의 가장 아름다운 시절을 군대에 두고 온 것이다.

병역제도는 우리 사회의 구석구석에 영향을 미치고 있다. 군대나 국방정책 문제로만 국한된 것이 아니라, 우리 모두가 관여되어 있다. 대한민국의 청년들을 강제로 불러들이는 국가의 기제로서 징벌이 아니면서 개인에게 가하는 유일한 신체적 부담이다. 군에 복무하는 기간 동안만 영향을 미치는 것이 아니라 입대 전후의 진로, 대학 학사 관리, 취업 및 창업, 결혼에까지 막대한 영향을 미친다. 병역제도는 단지 청년 인구에 국한되거나, 어느 시기에 국한된 일도 아니다. 현재의 우리뿐만 아니라 우리의 아이들도 얽혀 있다.

이처럼 병역제도는 대한민국 국민이라면 누구나 얽혀 있는 문제이기에 모두가 안다고 생각한다. 누구나 이야기하지만 사실은 대부분 잘 모르는 주제이다. 또한 병역제도는 누구나 알고 싶어 하면서도 사실은 아무도 알고 싶어 하지 않는 이율배반적인 성격을 갖고 있다. 군대에 갔다 온 사람은 갔다 왔으니까 안다고 생각하고, 안 간 사람은 너무 무거운 주제라 알고 싶어 하지 않는다. 가볍게 군대 얘기를 꺼냈다가 자칫 군 병력이나 군사력 문제로 옮아가면 남북 문제나 안보 문제로 전이돼 대화가 금세 딱딱해지기도 한다.

병역제도는 오랜 세월에 걸쳐 많이 변해온 것 같지만, 거의 변하지 않았다. 섣불리 개선하기도 어렵고, 반대로 이상적인 개혁만 외치다가는 우리 군사력과 전투준비태세에 회복하기 어려운 영향을 미칠 수 있다. 지금 들여다보지 않으면 다시는 기회가 없을지도 모른다. 인구절벽, 저성장 시대, 고도의 과학기술 발전이라는 돌이킬 수 없는 미래가 이미 우리 발밑에 와 있기 때문이다. 이런 점을 상기한다면, 병역제도를 논함에 있어 우리가 던져야 할 질문은 "왜 하필 지금이냐(Why now?)"가 아니라, "왜 지금이면 안 되는가(Why not now?)"일 것이다.

병역제도에 관한 흔한 오해와 쟁점

나는 한국의 병역제도에 대한 실용적 지식을 개괄하고 이해를 도모하기 위해 이 책을 구상하였다. 우리 가족, 친구, 우리 사회 모두에 영향을 미치는 병역제도가 어떤 메커니즘으로 작동하는지, 어떤 쟁점들이 있는지 설명하고 싶었다. 병역제도에 대한 이해 없이는 어떠한 개선도 하기 어렵기 때문이다. 외국의 병역제도와 변동 과정을 이해하는 것도 우리 제도의 개선에 도움이 될 것이다. 외국에서도 역사적으로 병역제도의 개선과 전환은 어느 날 갑자기 결정된 것이 아니라 서서히 진행되었다.

우리 사회에서도 병역제도와 관련해서는 다양한 이슈가 공존해왔다. 본론으로 들어가기 전에 수십 년간 반복되어 왔던 이슈를 간단히 소개해본다.

① **완전징병제의 신화** 한국에서는 병역제도의 근간이 청년 모두가 군대에 가야 한다는 것으로 이해되어 왔다. 그러나 역사적으로도 그러하지 않았고, 세계적으로도 그렇지 않다. 징병제는 병역제도의 한 유형일 뿐이다. 징병제란 군에서 필요한 만큼의 군인을 강제로 징집할 수 있는 근거가 될 뿐, 징병제라고 해서 사회의 모든 사람이 반드시 군에 가야 하는 것은 아니다. 중국은 징병제임에도 불구하고, 대상 인원이 워낙 많아 자발적 지원병 형태로 운용되고 있고, 싱가포르는 소군小軍임에도 불구하고 군 병력에 비해 군에 올 인구가 많지 않아 장애인도 군에 복무시키고 있다. 완전징병제이면 이상적이고 부분징병제이면 형평성에 문제가 있는 것처럼 보기도 하나, 꼭 그렇지는 않다.

② **여성 징병제 문제** 최근 "여자도 군대에 보내야 한다"는 국민청원이 상당한 반향을 불러일으키고 있다. 남성뿐만 아니라 여성계 쪽에서도 이런 주장을 지지하기도 한다. 남자만 의무복무 하는 것은 위헌임을 주장하는 헌법소원도 여러 차례 있었다. 병역의무의 공평한 부담 차원

에서 여성도 징병을 하거나, 그게 안 되면 대체복무라도 하게 해서 부담을 공평하게 나눠야 한다는 주장도 있다. 이스라엘, 스웨덴처럼 여성을 징병하는 외국 사례도 심심찮게 인용된다. 징병제 국가에서 남성 개인의 부담이 워낙 크다 보니 이런 논쟁이 끊이지 않는 것 같다. 세계적으로 여성 징병 사례는 얼마나 많을까? 병역의무의 공평한 부담을 위해 여성에게도 부담을 형평하게 나누어야 할까?

③ **징병제의 부담과 병 복무 기간의 단축** 징병제의 부담이 크니 병 복무 기간을 단축하자는 말을 많이 한다. 개인으로서는 맞는 말이다. 현재 추진 중인 병 복무 기간을 단축하면 개인이 지는 징병제의 부담은 일부 완화될 수 있다. 그러나 인구 전체적으로는 같은 기간 동안 더 많은 인력이 필요해진다. 즉 일정 병력을 유지하기 위해 한 해에 충원해야 하는 의무병 규모가 있는데, 복무 기간이 줄면 순환율이 빨라지므로 1년 동안 징집해야 할 청년 수는 더 많아지게 된다. 이렇게 의무병의 규모는 군 정원에 따른 연간 현역병 수요와 긴밀히 연계되어 있다. 수학 문제를 풀 듯이 하나하나 따져볼 것이 많다.

④ **병 복무 기간과 대체복무(병역특례)** 군에 복무하는 현역병의 복무 기간 조정이 군에 복무하지도 않는 사람들의 대체복무와 무슨 관련이 있을까? 언뜻 생각하면 현역병의 복무 기간과 대체복무는 아무 상관이 없어 보인다. 현역병은 군에 복무하는 반면, 병역특례나 대체복무자들은 민간 기업이나 공공기관에서 근무하기 때문이다. 그러나 사실 병 복무 기간 조정은 대체복무와 밀접한 관련이 있다. 신체검사 결과, 현

역 판정을 받은 사람이 대체복무(병역특례)로 빠질수록, 군대에 들어올 사람은 줄어든다. 그러면 군에서는 일정 병력을 유지하기 위해 병 복무 기간을 늘릴 수밖에 없다. 마찬가지 논리로 대체복무로 빠지는 인원들이 줄어들면, 현역병으로 들어오는 청년들이 많아지게 되므로 병 복무 기간을 어느 정도 줄일 수 있게 된다. 지금까지 한국의 병역제도에서 이 두 가지 현안이 어떻게 조율되어 왔는지 살펴보는 것도 재밌을 것이다.

⑤ **양심적 병역거부자 문제** 종교적 병역거부자 혹은 소위 '양심적 병역거부자'에 대한 「병역법」 조항이 여러 차례에 걸친 위헌심판 결과, 헌법불합치 판결을 받았다. 2018년 헌법재판소는 종교적 이유로 병역을 거부한 자들에게 대체복무의 기회조차 허용하지 않은 것은 헌법에 합치되지 않는다고 판결하였다. 즉, 지금도 의경, 산업기능요원, 전문연구요원 등 14개나 되는 다양한 사유에 의한 대체복무를 허용하면서 종교적 사유에 따른 병역거부자들에 대해서만 대체복무를 인정하지 않는 것은 문제라는 것이다. 뭐가 쟁점이고 어떻게 풀어야 할까?

⑥ **병 복무 기간의 단축과 군의 전문화 요구** 병 복무 기간이 단축되면서 군과 일각에서는 오히려 군의 전문화를 위해 복무 기간을 더 늘려야 한다는 목소리도 적지 않다. 기동, 화력, 항공, 함정, 정찰, 타격 등 각 분야에서 무기 체계가 고도화되고, 운용해야 하는 각종 장비 및 전투지원 체계가 복잡해지고 있다. 따라서 이들 장비와 무기 체계를 제대로 운용하려면 상당 기간 훈련된 숙련 군인이 필요하다. 오늘도 전

역할 날만 기다리는 병사들에게는 청천벽력 같은 말이겠지만, 군에서는 좀 더 오래 복무하는 군인을 필요로 하는 것이 사실이다. 병 복무 기간의 단축 요구와 군의 전문화를 위한 복무 기간 연장 요구를 어떻게 충족시켜야 할까? 모순되어 보이는 두 가지 요구를 조화롭게 해결하는 방법은 없을까?

⑦ **병 봉급 인상과 애국페이 논쟁** 최근 병 봉급이 상당 수준으로 오르고 있다. 그러나 이에 대한 우려도 적지 않다. 재정적 측면뿐 아니라, 제도적 측면에서도 징병제하에서 병사에게 높은 봉급을 지불하는 것은 적절하지 않다는 지적도 있다. 오랫동안 한국에서 낮은 병 봉급은 징병제의 핵심으로 인식되어 왔다. 주요 병역제도 책에서 징병제의 특징으로 충성심, 애국심을 들고, 반대로 돈을 목적으로 군에 복무하는 것을 용병제라고 정의해왔다. 이런 논리하에서는 병뿐만 아니라 직업 군인들도 충성심 하나로 군에 복무해야 한다는 결론에 도달한다. 그러나 소위 애국페이, 즉 낮은 병 봉급은 징병제의 핵심 요소가 아니다. 병 봉급 수준은 병역제도가 징병제냐 모병제냐에 따라 결정되는 것이 아니다. 한 나라의 경제 상황, 국방비 그리고 군 병력 규모 등에 따라 달리 결정되는 것이다.

이러한 쟁점들을 포함하여 이 책에서는 병역제도를 크게 다섯 부분으로 나눠 다뤄보고자 한다.

제1부에서는 현대 국가에서 안보와 병역의 의미를 서술한다. 병역

제도의 의미와 기본적인 병역의무 이행 체계, 군 인력의 관리 체계를 설명하고 병역의무가 어떤 형태로 구현되는지 보여줄 것이다. 흔히, 군대 간다는 말을 "영장 나왔다"라고 하는데, 여기서 영장이 바로 국가가 개인에게 부과하는 병역 처분이다.

제2부에서는 병역제도에 대한 이론과 외국의 병역제도 및 주요국의 병역제도 변동 과정을 살펴본다. 병역제도를 징병제와 모병제로 구분하는 전통적 이론과 유럽 등 선진국들의 병역제도 변동 과정에 주목한 새로운 정책 변동 이론을 소개할 것이다. 외국의 주요 병역제도 사례도 정리할 것이다.

제3부에서는 한국 병역제도의 변동 역사를 서술하고, 병역제도의 주요 요소별로 변동 연혁과 관련 이슈를 살펴볼 것이다. 병역제도의 주요 요소로는 병역자원의 수급 구조, 병 복무 기간, 대체복무제 혹은 병역특례, 병 봉급 등이 있다. "병역자원의 수급 구조"란 군의 의무병 수요와 징집 대상 남성 인구 간 공급 관계를 일컫는다. 병역제도가 병역대상자로서의 인구와 군 병력 수요를 연결하는 매개 제도이므로 병역자원의 수급 구조는 병역제도나 정책을 이해할 때 가장 기본적인 요소 중 하나이다. 참고로 국방정책에서는 '수요'와 '소요'를 혼용해 쓰기도 한다.

제4부에서는 현재 병역제도 중 쟁점으로 부상한 복무 기간과 대체복무(병역특례) 제도에 대해 살펴본다. 병 복무 기간과 대체복무는 병역제도 자체에 근본적 변동이 없었던 한국에서 가시적으로 나타난 변

동이라고 할 수 있다.

마지막으로 제5부에서는 한국 사회와 군이 직면한 도전 과제 및 이에 대응한 대안들을 모색해보고자 한다. 남북관계와 주변 안보 환경의 불확실성이 여전하다. 모든 것이 불확실한 시점에서 지속 가능한 국방을 위해 병역제도는 어떠해야 할지 정책 대안을 제시하고자 한다.

병역제도는 우리 모두의 이야기

사실 한국에서 병역제도에 대해 언급하는 것은 매우 조심스럽다. 복무 기간이나 병 봉급, 징병제냐 모병제냐 하는 논란 모두 정치 쟁점으로 비화되기 쉬운 주제이기 때문이다. 그래서 실은 오랫동안 기다려왔다. 다른 사람이, 다른 학자가 한국의 병역제도에 대해 객관적이고 충실한 사실을 바탕으로 기록해주기를 기다려왔다. 어쩌면 남의 등 뒤에 숨어 내가 하고 싶은 말이 나오기를 기다려온 것인지도 모른다. 그런 일은 일어나지 않았다. 그리고 이제 병역제도에 대한 이해 없이 병역제도의 변화를 모색해야 하는 시대가 오고 있다.

개인적으로는 관련 업무를 담당하면서 일종의 자기반성과 책임감도 있었다. 나는 평범한 공직자에 불과하고, 연구자라 하기에는 턱없이 모자란다. 바로 그런 모자람 때문에 일을 하면서 관련 자료를 더 찾아보게 되었다. 이런 노력의 과정에서 병역제도에 대한 우리 사회의 이해가 더 넓어졌으면 하는 바람을 키워왔다. 그래서 용기를 내었다. 나의 미숙하고 불완전한 지식이나마 기록하고 공유함으로써 한국의 병역제도에 대한 이해를 넓히고자 하였다. 병역제도에 관심 있는 분들에게 작은 도움이라도 되기를 바란다. 이 책은 나의 박사 논문인 「한국 병역제도의 변화연구」를 기초로 하였고, 상당 부분의 자료와 통계를 해당 연구에서 인용하였음을 밝혀둔다. 다만 통계와 정책 변화는 최근까지의 변화를 최대한 반영하도록 노력하였다. 또한 이 책에 나온 모든 의견과 정책 대안은 내 개인적 의견에 불과하다.

　　오래전 내가 고등학생이었을 때 우리 오빠는 상고(실업계 고등학교)를 졸업하고 진로를 딱히 정하지 못한 상태에서 바로 입대 영장을 받았다. 당시 대학생들은 대학에 입학함과 동시에 자동으로 입영이 연기되었지만, 상고 출신이나 변변한 직업이 없는 사람들은 자동 연기라는 것이 없었다. 고등학교 졸업생(고졸자)이나 아르바이트를 하며 근근이 살아가던 젊은이들은 영장이 나오는 대로 군에 가야 했다. 오빠는 기술이라도 배우고, 어느 정도 진로를 정하고 나서 군에 가고 싶었지만 연기하기가 쉽지 않았다. 결국 원치 않는 시기에 군대에 가야 했고 전역한 다음에도 한동안 힘들어했다.

　　그로부터 이십여 년이 더 지나 나는 병역제도와 군 인력정책의 업무 담당자가 되었고, 상고 등 특성화고 졸업생들도 대학생처럼 입영(기일) 연기를 쉽게 할 수 있도록 병역제도를 바꿀 수 있었다. 우리 사회에서는 절대다수가 대학을 가기 때문에 「병역법」과 관련한 군 인력

정책도 대학생을 중심으로 규정되어 왔다. 병역에 있어 고졸자의 문제는 사실 누구도 관심을 갖지 않던 부분이었다. 소소한 변화였지만 개인적으로 참 뿌듯했다. 거대하고 남 일 같았던 병역제도가 한 개인에게 얼마나 큰 영향을 미치는지 보았기 때문에 가능한 일이었다.

이후로도 병역과 관련한 민원 전화가 올 때마다 혹시 이런 말 못 할 사정은 없었는지, 살펴볼 사정은 없는지 한 번 더 보게 되었다. 그런 세세한 것까지 신경 쓰면 일하기 힘들어진다고 충고해주시는 분들도 있었다. 그러나 한 사람도 돕지 못하면 열 사람도 도울 수 없다고 생각한다. 하던 일을 멈추고 한 사람의 이야기를 세세히 듣는 데에서부터 법도, 정책도 시작한다. 너무나 거대해서 누구도 쉽게 말하지 못했던 병역제도는, 사실 우리 오빠, 삼촌, 형, 아들, 딸 그리고 내 친구들의 이야기이기도 하다.

2020년 7월
김신숙

CONTENTS

현대 국가의
병역제도

병역제도의 이해

정부 주요 인사를 임명하기 위해 인사청문회를 하면 개인의 병역 이행 문제가 쟁점이 되곤 하였다. 불과 얼마 전까지 대통령 선거에서도 병역문제가 큰 이슈가 되곤 했다. 제도적 측면에서도 병역제도는 선거 때마다 주요 공약이었다. 게다가 대부분의 대한민국 남성들은 군 복무를 했기 때문에 병역제도를 잘 안다고 생각한다. 그러나 병역제도는 병역의 의무를 치르면서 개인이 경험한 것 이상으로 다양한 쟁점을 안고 있다. 여기에 인구 감소라는 어찌할 수 없는 파도가 몰려오고 있다.

인구 감소: 학생이 줄어든다

2014년 즈음부터 불과 얼마 전까지 대학가와 우리 사회의 청년들을 중심으로 한 주요 화두는 '입영 적체'였다. 현역병으로 입영할 20세 전후의 청년 인구가 많아져서 군대에 가기 위해 몇 달 내지는 1년 이상 기다려야 했다.

대학에서는 입대자의 학사 관리가 최소 수개월 이상 지연되고, 병역의무자 개인으로서는 입영까지 장기 대기, 학업과 취업이 최소 1년에서 2년 이상 지연되는 등 적지 않은 부담을 감수해야 했다. 어떻게 하면 군대에 빨리 갈 수 있는지 묻는 민원과 문의 전화도 많았다. 정부에서도 이를 해결하기 위해 다양한 정책을 추진하였다.

이제 정반대 현상이 몰려오고 있다. 2017년부터 2년간 고등학교 신입생 수가 예년에 비해 13만여 명이나 줄어들었다는 보도가 있었다. 2020년대 초반이 지나면 청년 인구가 급격히 감소한다. 고등학교 신입생 수의 감소는 정확히 3년 후 대학생 또는 사회진출자의 감소로 연결된다. 통계청의 장래 인구 추세에 따르면 한국은 이미 2017년부터 15~64세의 생산가능인구가 감소하기 시작하였고, 베이비붐 세대가 노년층에 진입하는 2020년을 기점으로 노인 인구가 급격하게 늘어나고 생산가능인구는 급감할 것으로 전망되었다.

생산가능인구의 감소와 고령화 시대로의 진입은 징병제를 유지하고 있는 우리 군에 직접적인 영향을 미친다. 2017년부터 급감한 고등학교 신입생 규모는 3년 후 대학 입학생, 4~5년 후 군입대자 규모의 감소로 직결된다. 따라서 2020년 이후에는 병역의무 대상이 되는 남자 인구, 즉 병역자원의 수가 급감하고 이러한 추세가 만성화될 전망이다.

군 관련 연구기관에서도 2020년대 초반 이후 병역자원으로서의 청년 인구가 군 수요와 거의 같아지거나 부족해질 것을 우려하고 있

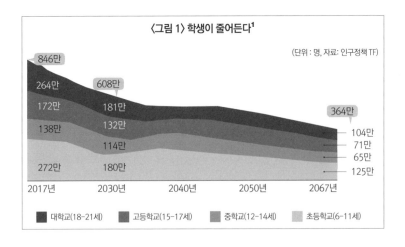

〈그림 1〉 학생이 줄어든다[1]

(단위 : 명, 자료: 인구정책 TF)

846만
264만
172만
138만
272만

608만
181만
132만
114만
180만

364만
104만
71만
65만
125만

2017년　2030년　2040년　2050년　2067년

■ 대학교(18-21세)　■ 고등학교(15-17세)　■ 중학교(12-14세)　■ 초등학교(6-11세)

　　　　역사와 쟁점으로 살펴보는 한국의 병역제도

다. 인구구조에서 시작된 밖으로부터의 변화가 지금 우리 군을 위협하고 있다.

사실 안보나 국방 분야에서 밖으로부터의 변화는 생소한 일이 아니다. 저출산·고령화 등 인구구조적 변화와 경제·재정적 위기를 먼저 경험한 서구에서는 외부의 환경 변화에 대응하여 국방개혁과 병력 감축 및 병역제도의 개선을 추진해왔다. 시기적으로는 냉전 종식 이후 유럽 국가들 대부분이 대규모 전쟁 위협의 감소와 함께 재난대응, 사이버 위협, 해외파병 등 군 기능에 변화를 요구하고 있었다. 동시에 경제위기와 사회 전 분야의 재정 압박으로 상비군 규모의 축소와 국방 예산의 감축이라는 도전에 직면하였다.

급격한 인구 고령화로 노동 가용인구가 감소하고 과학기술이 발전해 기존 병력집약형 군대에서 기술집약형 군대로 전환해야 한다는 요구도 증가하였다. 이 과정에서 군 병력 감축과 병역제도의 개선은 필연적인 결과로 나타났다.

한국에서도 세계적인 병역제도의 전환 추세, 병영 내 사건사고 및 징병제에 대한 변화 요구 등을 배경으로 병역제도 개선 논의가 있었다. 안보 환경의 변화와 사회경제적 성장, 저출산으로 인한 인구절벽과 급속한 고령화 등 인구 요인의 변화로 병역에 대한 국민의 가치관이 변하고 있다. 그뿐만 아니라 인공지능, 초고속 네트워크, 무인기술 등을 기반으로 한 신기술 혹은 4차 산업혁명의 영향으로 우리 군도 변화를 모색할 수밖에 없다.

더 적은 병력으로 더 빨리, 더 강한 전투력을 발휘하기 위해서는 기존의 장비, 인력에 새로운 기술과 전략을 접목시켜야 한다. 첨단 과학군으로의 변화는 인구절벽 문제와 첨단기술의 발달, 산업구조의 변화에 대처해야 하는 우리 군의 최우선 과제로 대두하였다.

❷
병역제도를 둘러싼 논쟁들

한국에서 병역제도는 대선 등 주요 선거를 치를 때마다 관심 정책 1순위이다. 대통령 선거에서 주요 대선후보들은 각종 병역제도 개선 공약을 제시한다. 병 봉급 인상, 복무 기간 조정에서 시작하여 후보에 따라 모병제 전환 문제로까지 이어지기도 한다.

일례로 유력 정치인이었던 모 지사는 2022년까지 완전 모병제로 전환하고 군 병력을 30만여 명 규모로 줄일 것을 주장하기도 하였다. 2017년 대통령선거 과정에서도 대선후보들의 주요 공약 사항에 병 복무 기간 단축, 병 급여 인상 및 일부 모병제 관련 사항이 포함되어 있었다.[2]

그러면서도 동시에 잘 변하지 않는 것이 병역제도이다. 우리 군과 병역제도는 정부 수립 이래 큰 변동이 거의 없었다. 병역제도의 개선이나 제도 변동을 공약한 후보가 막상 대통령이 되더라도 그 공약처럼 쉽게 바뀌지 않았다. 병역제도는 1949년 「병역법」 제정 이래 징병제를 근간으로 했으며, 현재까지 큰 변동 없이 유지되고 있다. 상비군 병력은 1953년 한국전쟁 정전(停戰) 직후인 1954년 72만여 명에서 2018년 60만여 명으로 약간 감소한 수준이다. 상비군 중 병 계급이 차지하는 의무병 비율은 70% 이상 수준을 유지해오다 최근에서야 65% 정도로 떨어졌다. 병 복무체계와 병영 생활 면에서도 병역판정검사체계(구 징병검사), 입영 시기, 영내 집단생활, 저임금이라는 주요 특징이 현재까지 유지되고 있다.

복무 기간도 정치적 논쟁에서 자유롭지 않았다. 병 복무 기간은 한국전쟁 정전 당시 36개월에서 최근까지 21개월로 점진적으로 단축되어 왔다. 노무현 정부에서 2008년 1월부터 18개월로 단축을 추진하였으나, 이명박 정부에서 단축이 중단된 바 있다. 문재인 정부에서는 2018년 말부터 병 복무 기간 단축을 추진하여 마무리 단계에 와 있다. 2020년 6월 2일 입대자부터 최종 18개월이 적용되었다.

수십 년에 걸쳐 행해진 복무 기간 조정은 대선이나 총선 등 주요 계기에 이슈로 등장하거나 주요 선거공약으로 제시되곤 했다. 그리고 그때마다 복무 기간 조정은 찬반 양측으로 나뉘며 정치 쟁점으로 비화되는 일이 많았다. 그러나 병 복무 기간 단축이 과연 정치적인 이유에서만 제기되고 시행되어 왔을까? 복무 기간 단축의 기저에는 병역자원의 수급 문제 같은 지극히 현실적이고 구조적인 이유가 있었다.

이외에도 병역제도와 관련한 논쟁들은 해마다 반복되고 있다. 크고 작은 군대 내 폭행 및 사망사건이 발생할 때마다 군대 내 가혹 행위의 심각성이 부각되면서 동시에 징병제의 폐해가 같이 논의된다. 2011년 강화도 해병대 총기 난사 사건[3]이나 2014년 윤일병 폭행 치사사건[4] 같이 온 국민의 공분을 살 정도로 큰 사건이 발생했을 때, 언론에서는 집중적으로 징병제의 문제점을 지적한다. 최종적으로는 제도적 수준의 개선보다 병영 생활환경 개선, 군부대 문화 개선, 부모 면담 활성화 등 군부대 운영 측면의 개선이 주로 이뤄졌다.

그뿐만 아니라 올림픽이나 월드컵 등 세계 행사가 있는 해에는 어김없이 예술·체육인에 대한 병역특례 및 이에 따른 병역제도의 형평성 논란이 제기된다. 연예인, 유명 체육선수 중에는 병역과 관련하여 곤욕을 치룬 사례가 적지 않다. 2018년도 예외가 아니었다. 러시아 월드컵이 끝나자 축구 국가대표 선수들에게 병역특례를 주자는 의견과 반대 여론이 비등하였다. 동시에 아시안게임 야구선수에 대한 병역특례 논란으로 감독이 사퇴하기도 하였다.

체육선수들의 병역특례 논란은 더 확산되어 BTS^{방탄소년단} 등 다른 한류스타들도 기여도에 따라 병역특례를 주는 것이 오히려 형평성에 맞다는 주장까지 등장하였다. 이러한 논란은 병역특례가 활성화된 1980년대부터 수십 년간 반복되어 왔다. 그러나 곧 바뀔 것 같다가도 병역제도의 근본적 변화는 쉽게 일어나지 않았다.

한국 병역제도에 근본적 변화가 어려운 가장 큰 이유는 북한의 위협을 반세기가 넘게 직접 직면해야 하는 안보 상황과 그에 따른 대규모의 군대 大軍 유지의 필요성 때문이다. 한국의 징병제는 군 인력 관리의 측면에서 국가가 법에 따라 병역의무로 강제할 수 있기 때문에 집행이 용이하다. 많은 병사를 안정적으로 충원할 수 있다. 또한 대한민국 헌법 제정 이래 징병제만 유지해왔고 북한과 대치하고 있는 현실에서 다른 제도의 적용 가능성을 논하기도 어려운 것이 현실이다. 무엇보다 낮은 병 봉급을 유지함으로써 국방 예산 중 인건비를 절감하고 이를 방위력 개선이나 전력 증강 사업에 투자할 수 있다는 점 등이 주요한 이유로 작용하였다.

③
병역제도, 왜 알아야 할까?

═══

1   병역제도 이해의 학문적 중요성

병역제도는 국방정책의 하나로서 기능상 수요 측면의 군 병력 수요와 공급 측면의 인구, 즉 병역자원을 연결하는 매개 제도이다. 군대를 유지하기 위해 필요한 인력을 충원하는 방법이 바로 병역제도인 것이다.

대상 측면에서 병역제도는 군 인력 관리 체계 중 병 집단을 대상으로 하는 제도이다. 한국에서는 징병제를 유지하면서 장교와 부사관으로 일정 기간 복무하면 병역의 의무를 이행한 것으로 보고 있다. 그러나 엄밀히 말하면, 장교와 부사관 등 직업군인으로서의 군 간부는 직업 선택의 차원에서 직업군인으로 선택 복무하는 것일 뿐이다.

기간 측면에서 병역제도는 상비군으로서 일정 기간 현역으로 복무하는 것과 전역 후 일정 기간 예비군으로서 동원 훈련에 응하는 기간을 포괄한다. 또한 전시나 비상사태 발생시 동원소집명령에 근거해 응소하고 해당 군부대로 가서 복무를 재개하게 된다. 구체적인 병역제도의 대상, 적용 방식 등은 국가와 시대에 따라 매우 다양하다. 이는 병역제도가 불문의 성문율이나 도덕률 같은 관습법이라기보다 군 인력 관리 정책으로서 시대, 장소, 정치적 상황 등에 따라 유동적일 수밖에 없기 때문이다.

이러한 특성 때문에 전통적 학문 영역에서는 병역제도가 어느 한 학과의 독립적인 분야로 인정받기 어려웠다. 대학교나 연구소 등 학계에서도 병역제도에 관한 제대로 된 교재나 강의를 찾아보기 힘들다. 군사학개론서의 한 장 정도로 들어가고, 병역제도나 군 인력 관리에 대한 별도의 강의는 거의 없다. 병역제도는 정치외교학과에서 가르치기에는 다소 실무적으로 보일 수 있고, 행정학과에서 가르치기에는 군 관련 내용이라 전문성이 필요하나 국방행정을 전공한 사람이 많지 않다. 법학과에서 다루기에는 병역제도가 법과 행정의 경계 영역에 있다. 군사학과나 안보학과가 전국의 대학에서 설립된 것도 최근의 일이고 군사학이나 안보학이 독립적인 학문 분야로 인정받은 것도 얼마 안 됐다. 그러나 이런 특성 때문에 다양한 학과, 학문 영역에서 병역제도의 학제 간 연구 가능성과 필요성은 더 크다고 본다.

먼저 행정학에서는 병역제도와 병역정책을 인사행정의 한 분야로 다룰 수 있다. 보통 병무 행정이라고 지칭하나, 병무행정론은 병무업무 행정을 담당하는 병무청이나 정부 입장에서 서술하는 지극히 국가 중심 서술이라고 할 수 있다. 국민을 징집의 대상인 객체로 보는 시각이 여전하다. 그러나 국민 개개인은 징집의 객체이기 이전에 국가 안보를 책임지는 주체이기도 하다. 경찰행정학의 인사행정 분야처럼 행정학의 공무원 인사행정 분야에 병역제도 또는 군 인력 관리 분야가 전문적인 영역으로 자리 잡을 필요가 있다. 공무원 인사행정 분야는 비교적 연구자가 많고 많은 논의가 전개되어 왔으며, 다른 나라의 제도를 벤치마킹하고 비교 개선해왔다. 반면, 군 인력 관리나 병역제도는 각 나라의 안보 상황과 군 조직이라는 고유한 특성에 기반한 측면이 크고 단편적인 국가 간 비교만으로는 제도 개선이 쉽지 않다. 따라서 지속적인 연구와 개선의 여지가 많이 남아 있다.

안보학, 군사학 분야에서는 군 인력 관리 및 병역제도, 동원제도를 독자적으로 연구할 필요성이 있다. 군사력이 크게 물적 요소, 인적 요소, 전략 요소로 이뤄진다고 볼 때, 병역제도는 인적 요소를 충원하고 관리하는 기본 제도이기 때문이다. 군사력의 물적 요소는 방위사업학, 전략 요소는 안보나 군사 전략으로 많이 다루고 있다. 반면, 인적 요소에 해당하는 군 인력이나 인사제도, 병역제도에 대한 연구는 상대적으로 많이 부족한 편이다.

헌법 및 법학 분야에서도 병역제도는 중요한 연구 주제이다. 병역제도가 헌법상 국방의 의무에서 출발하여 「병역법」에서 구체적 의무를 규율하고 있기 때문에 법적 접근이 중요하다. 이외에도 「예비군법」, 「군인사법」, 「민방위기본법」 등에서 병역의무나 병력 동원과 관런한 여러 사항을 규율하고 있다. 그러나 법학 분야에서 최근까지도 주로 다뤄진 병역 관련 이슈는 소위 '양심적 병역거부' 문제가 대부분이었다. 이 사안은 법적 측면에서 국방의 의무, 병역의 의무 그리고 개인의 행복추구권 및 종교적 자유 등 헌법의 기본적인 쟁점이 망라된 매우 드문 주제였기 때문이다. 최근까지도 한국에서는 소위 '양심적 병역거부'를 병역정책상 인정하지 않았기 때문에 법적 다툼의 대상이 되었고, 그 결과 법학 분야에서 관련 연구도 축적되었다.

사회학 및 인구통계학 분야에서도 병역자원 수급 구조는 연구 가치가 충분하다. 미국에서는 병역자원의 수요공급 구조, '군 인력 관리', '인사'Ppeople Management 가 정부학, 정책학, 행정학, 조직경영의 세부 주제로 연구되고 있다. 인구통계학적 관점에서 병역자원 규모의 변화에 따른 군 수요 구조 및 병역제도의 변동도 매우 흥미로운 주제이다. 특히 앞으로 지속적인 인구 감소가 진행되고 있는 상황에서 과학적인 예측은 합리적 정책 대안 설계에 필수적이다.

마지막으로 경제학은 비용 효과 관점에서 국방정책과 병역제도를 보는 틀을 제공한다. 사실 미국에서 본격적인 병역제도 분석과 논의도 경제학계에서 나왔다. 미국에서도 징병제를 유지하던 당시에는 병역제도를 사회의 오래된 기본제도로 인식하여 학문적인 분석이 많지 않았다. 한국에서 병역제도 연구가 거의 없었던 이유와 유사하다. 그러나 1960년대 미국 사회의 진보적 흐름과 궤를 맞추어 경제학계를 중심으로 당시 병역제도의 효용성과 문제점 그리고 개선방안에 대한 논의가 봇물처럼 터져 나왔다. 미국 주류 경제학계의 징병제 논의에 궤를 맞추어 사회학계에서도 군대사회학이나 조직사회학 측면에서 징병제의 공과를 분석하였다.

미국에서 징병제는 1973년 최종적으로 폐지되었는데, 지금도 징병제 개선 및 모병제로의 전환에는 미국 경제학계가 결정적 역할을 한 것으로 평가되고 있다. 당시 경제학자들은 학문적 업적뿐만 아니라 정책입안에도 적극적으로 참여하였다. 향후 한국에서도 병역제도에 대한 경제학적 관점이 보강되었으면 한다.

2   기존 연구 성과와 한계

병역제도는 국방 예산, 군 운영, 군 조직 구조, 무기 체계 운용전략, 인력 관리 행정이라는 군의 전 분야에 밀접하게 연결된 국가의 핵심 제도이다. 사회 경제 전체적으로 병역제도가 청년세대에 부과하는 부담도 크다. 한국의 병역제도는 제도 자체의 강제성, 대상 국민의 범위, 사회·경제·교육·노동시장 및 산업 분야 전반에 미치는 파급효과가 상당하다.

이러한 중요성에도 불구하고, 한국의 병역제도를 다룬 책은 한 손에 꼽을 정도로 찾기 어렵다. 군사학이나 국방정책 관련 책에서도 간략하게 다뤄지거나 없는 경우도 많다. 군사학연구회에서 최근 출간한

《군사학개론》(2014, 플래닛미디어) '국방조직 및 군사제도' 장에서 병역제도를 간략히 다루고 있고 동원제도를 별도의 장에서 이야기했다.[5] 한용섭의 《국방정책론》(2012, 박영사)에서는 병역제도를 '국방인력제도' 장에서 다루고 있다. 민진과 이춘주의 《국방행정관리론》(2018, 대명출판사)에서는 총 15장 중 4개 장에서 국방 인사 관리, 군 인력 관리, 병무 행정, 동원 행정을 비교적 상세하게 다루고 있다.

병역제도를 다룬 별도의 책으로는 김두성 전 병무청장의 《한국병역제도론》(2003)이 거의 유일하다. 정주성, 정원영, 안석기가 쓴 《한국 병역정책의 바람직한 진로》(2003, 한국국방연구원)는 병역정책의 미래 방향을 중점적으로 서술하였다. 나태종도 《군제기본원리와 한국의 병역제도》(2012, 충남대학교출판문화원)에서 한국의 병역제도에 대해 잘 설명하고 있다. 그러나 대부분 출간된 지 오래되었고, 국회도서관에서나 찾아볼 수 있으며, 어떤 책은 국회도서관에서도 찾기 어렵다. 비교적 최근의 책조차 노무현 정부 이후의 병역제도 변화 내용을 충실히 다루는 데는 한계가 있었다. 특히 기존 병역제도와 관련한 책이나 연구는 병역자원의 수급 구조에 대한 실증적 분석이 부족하였다.

나는 그 이유를 다음 세 가지 정도로 추정해본다. 첫째, 한국에서 병역제도는 응당 국민의 의무, 또는 남자라면 당연히 가야 하는 혹은 갈 수밖에 없는 의무로 강제되었기 때문에 학문적 연구가 오히려 적었을 수 있다. 헌법상 국방의 의무와 「병역법」상 병역의 의무로 마땅히 국가에 병역 처분의 강제력을 줌으로써 행정집행이 상대적으로 쉬웠다. 「병역법」에서 병역거부나 병역기피에 대해 징역형을 규정하고 있다. 또한 병역은 신체검사 결과에 따른 신체등급에 따라 군에 복무하는 것이기 때문에 재량의 여지가 거의 없다. 이러한 점이 오히려 학문적 연구의 필요성을 감소시켰을 가능성이 있다.

둘째, 병역제도에 대한 논의, 예를 들면 병 복무 기간 단축이나 봉급 인상 논의 등이 대선 때마다 주요 쟁점으로 부각된 것이 오히려 학문적 논의를 제한했을 가능성도 있다. 병역제도는 주요 선거 때마다 정치 쟁점이 되었다가 선거가 끝나면 급격히 사그라들거나 더 큰 비판에 직면하여 차분한 사색과 치열한 토론의 장에 오르지 못했다. 현제도의 단순한 개선을 논의하는 일조차 정치 쟁점으로 변질될 수 있어 거론하기 어려웠을 것이다. 아울러 병영사건 사고의 대책으로 병역제도 개선 논의가 늘 등장하였지만 정의와 부정의 혹은 안보강화와 약화라는 이분법적 논쟁에 빠지는 경우가 많았다.

마지막으로 한국에서는 지금까지 병역제도나 정책과 관련한 정보를 파악하기가 어려웠다는 점이다. 병역정책과 관련해 유의미한 연구를 하려면 군 규모, 조직, 간부 병력, 병과^{兵科} 구조, 인력 현황 등을 종합적으로 살펴보아야 한다. 국방 분야의 많은 정보와 데이터들이 국가통계의 공개 예외 분야에 해당되어 공개가 제한되고 있다. 병무정책과 관련하여 매년 징집 인원, 신체검사 규모와 결과 등 중요 데이터를 국방통계와 병무통계를 통해 공개하고는 있지만 학계와 전문가들이 연구 목적으로 활용하기에는 많이 부족한 상황이다.

국가 안보와
병역제도

"국방장관을 하는 동안 외국의 지도자들이나 군 장성들을 만나게 되면 그들은 항상 저에게 묻습니다. 어떻게 하면 미군처럼 강해질 수 있을까요? 강한 군대의 비결이 뭔가요? 그때마다 저는 항상 같은 말을 반복했습니다. 그것은 기술도, 무기도, 국방비도, 훈련도, 혁신도 아닙니다. 바로 지구상에서 가장 뛰어난 군인들이 있어 군이 우수한 것입니다. 그리고 이것은 미국이 제공할 수 있는 최선으로 군인을 충원하고 관리하기 때문에 가능한 것입니다."

2001년 윌리엄 코언^{William Cohen} **전 국방장관**

국가 안보와 군사력

1   국가 안보의 정의와 개념

현대 국가에서 국가 안보^{National Security} 란 국가의 탄생, 존립, 확장, 소멸에 이르는 국가 생존과 관련한 제반 문제를 칭한다고 할 수 있다. 20세기에 들어와 국가의 생존을 위협하는 요인이 다양해지면서 안보의 개념 또한 다양해졌다. 안보의 내용은 군사적 생존 개념에서부터 경제·환경 개념에 이르기까지 실로 다양해지고 있다.

김남국 고려대 교수는 국가 안보를 "국가를 중심으로 군사적 수단을 사용해 영토의 보전과 정치적 독립을 유지하는 것"으로 정의하였다.[6] 부연 설명하면, 전통적 관점에서 국가 안보란 다른 나라 또는 국가가 아닌 적대적 집단으로부터의 군사적 공격에 대응하고 생존하는 것 혹은 생존할 수 있는 능력이라고 할 수 있다.

최근에는 국가와 국민을 위협하는 이슈가 자국 내에서의 테러 위협, 종교 분쟁, 인종 갈등, 식량·에너지 및 전염병 문제로까지 확대되면서 안보 개념도 '新안보 또는 인간 안보'로 확대되고 있다. 김남국 교수는 '인간 안보' Human Security 에 대해 "개인을 기근이나 질병, 억압으로부터 보호하고 갑작스러운 일상의 중단에서 오는 고통과 위험으로부터 보호하는 것을 목표로 하는 것"이라고 설명한다.[7] 특히 에너지 및 환경문제나 전염병 문제는 국경을 초월하여 지구적 차원에서 진행된다는 점에서 기존의 전통적 국가 안보 개념과 분명히 다르다. 이들 신안보 이슈는 대상이 되는 사람의 국적이나 인종, 종교, 계급을 가리지 않는다는 점도 특징이다.

안보 개념의 확장은 新안보 이슈가 전통적 안보를 대체하는 것이 아니라 전통적 안보 이슈 위에 새로운 이슈가 부가되는 형태라고 이해함이 타당하다. 식량·에너지·보건·환경문제가 국가 안위에 영향을 미치긴 하지만 전통적 군사 위협의 중요성이 낮아진 것은 아니다. 오히려 현대에 들어 군사력에 바탕을 둔 전통적인 군사 위협은 군사기술의 발달과 맞물려 가공할 만한 살상력을 자랑하며 더욱 복잡해지고 있어 이에 걸맞은 대응이 절실한 시점이다.

2   **군사력과 병력**

현대 국가에서 안보 개념의 확장과 다양화에도 불구하고, 근본적이고 최종적인 국가 안보 수단은 여전히 군사력 Military Power 으로 귀결된다. 기본적인 군대와 군사력이 없는 국가는 독립적으로 존재하기 어려우며, 국가 안위를 보존하기도 어렵다.

정주성 등이 쓴《한국 병역정책의 바람직한 진로》(2003, 한국국방연구원)에 의하면, 군사력을 구체적으로 구분하는 방법은 다양하다. 일반적으로는 군사력의 물적·인적 요소를 종합하여 양적 차원이라고 정의하고, 전략·전술·교육훈련·사기·교범 등을 종합하여 질적 차원으로 정의한다. 군사력의 양적 차원에서 물적 요소란 무기, 전투기, 장비, 군사시설과 같은 화력 및 기반 체계를 말하며, 인적 요소란 군인·군무원 등 방위와 국방행정을 담당하는 사람을 총칭한다.

막스 베버는 근대 국가가 이전의 국가와 구별되는 가장 큰 특징으로 정당성에 의거한 폭력 수단의 독점적 통제와 사용을 들었다. 근대 국가에서 독점적 무력을 집중시킨 조직이 바로 군대이며 무력을 구성하고 운용하는 자가 바로 군인이다. 이러한 군인의 집합적 개념이 바로 병력 Military Manpower 이다.

병력은 군사력을 구성하는 인적 요소로서 단순히 군인의 합이나 군인 충원만을 의미하는 것으로 보면 곤란하다. 군에는 적시에 필요한 만큼의 군인들이 충원되어야 하고, 그 군인들은 무기와 장비를 다

룰 줄 알고, 전술을 이해하며, 전투에 바로 임할 수 있는 능력이 구비
되어 있어야 한다. 병력은 이 모든 요소를 포괄한 개념으로서 이 두
가지 측면이 잘 조화되어야 한다.

한국군의 형성과 병력 구조

1 한국군의 형성

한국군은 해방 직후 미 군정청U.S. Army Military Government in Korea 하의 국방사령부를 시초로 한다. 1945년 해방 직후 사설 군사단체나 청년단체가 난립하고 이것이 사회 혼란을 야기하자 미 군정청은 군정법령 제28호(1945년 11월 13일)에 의거하여 미 군정청 내에 남조선 국방사령부를 설치하였다. 1946년 1월에는 남조선 국방경비대, 4월 8일 국방부가 설립되고 군대가 조직되면서 사설 군사단체들은 해체되었다.[8] 이후 미국과의 잠정 군사협정(1948.8.24.)에 의거, 대한민국 정부가 국방경비대의 지휘권을 온전히 행사하게 되었다.

1948년 11월 30일, 국군조직법과 12월 7일 국방부 직제령이 공포되면서 조선경비대와 조선해양경비대가 각각 대한민국 육군과 해

군으로 편입되었다. 이때부터 6·25전쟁 발발 직전까지 미군정은 한국군 총 병력 규모를 10만 명이라는 상한선(소위 '10만 씰링설')을 두어 제한하였다.[9] 10만 명의 국군을 유지하기 위해서는 국방경비대 창설 당시 보유 병력 5만여 명 외에 5만여 명이 부족하였다.

부족 병력 충원을 위해 1949년 1월 20일 「호국군 병역에 관한 임시조치령」(대통령령 제52호)이 공포되었고, 이에 근거해 호국군이 편성되었다. 호국군은 필요한 군사훈련을 받은 후 생업에 종사하면서 필요시 현역으로 전환하는 형태로 평상시에는 군에 복무하지 않는 지원에 의한 예비 병력 개념이었다.[10]

그러나 1950년 발생한 6·25전쟁으로 모든 것이 급속히 바뀌었다. 1950년부터 1953년까지 전쟁 기간 동안 한국군은 미국의 '한국군 증강계획'에 따라 전력 증강을 진행하였다. 전쟁 수행을 위한 부대 편성이 꾸준히 보강되어 1953년 정전 시점에는 3개 군단과 20개 사단 규모로 증편되어 있었다. 병력 규모는 72만 명 수준이었다. 1954년 「한미상호방위조약」 예하 「한미합의의사록 부칙 B」에서 한국군은 당시 병력 수준인 72만여 명을 초과하지 않는 선에서, 육군 66만 1,000명, 해군 1만 5,000명, 해병대 2만 7,500명, 공군 1만 6,500명 수준을 유지하는 데 합의하였다. 전쟁 중에 늘어난 병력을 거의 그대로 정착시킨 셈이다.

그러나 1957년 미국은 한국 정부에 군 병력을 감축하도록 요구하였다. 양국은 협의를 거쳐 1958년 총 병력이 63만 명 수준을 넘지 않

<표 2-1> 한국군 병력 규모 및 연혁

(단위 : 여 명)

시기	총병력	육군	해군(해병대 포함)	공군
1954	720,000	661,000	42,500	16,500
1960	626,800	565,000	39,800	22,000
1971	623,000	548,000	48,000	27,000
1980	619,000	540,000	47,000	32,000
1990	655,500	550,000	60,000	45,000
2000	690,000	560,000	67,000	63,000
2010	687,000	555,000	68,000	64,000
2018	599,000	464,000	70,000	65,000

* 자료: 《국방백서 2018》, 이은정 외(2017:26) 및 내부 자료를 참조하여 재작성하였음

는 것으로 합의하고, 「한미합의의사록 부칙 B」 소위 '아그리드 미니츠'를 수정하였다.[11]

이처럼 우리 군의 병력은 6·25전쟁 직후 72만 명 수준에서 1950년대 말 63만여 명 이하로 줄어든 이래 지난 60여 년간 병력 수준이 안정적으로 유지되어 왔다. 1990년대부터 2000년대에는 해군 및 공군력 강화와 맞물려 병력 규모가 65만여 명에서 69만여 명 수준으로 증가하기도 하였다. 2018년 현재 우리 군의 총 병력은 59만 9,000여 명이다. 최근 확정된 「국방개혁 2.0」에 따라 정부는 미래 전략 환경, 군사전략, 병역자원 수급 전망 등 가용 병역자원, 부대 개편 계획 등과 연계하여 2022년까지 상비 병력을 50만여 명으로 감축하고 있다.

한국군은 군 창설 이래 간부(장교, 부사관, 준사관) 대비 병사 집단의 비율이 월등히 높은 병력집약형 구조를 유지해오고 있다.

〈표 2-2〉상 각 군의 병력 구조를 보면, 육·해·공군의 구성 비중이 육군 77%, 해군 및 해병대 12%, 공군 11% 수준이다. 총 병력에서 신분계급별 구성 비중은 장교, 준사관, 부사관을 합한 간부가 35%, 병 65%로 병 집단의 구성 비율이 상당히 높은 편이다. 군 병력의 대략적 규모는《국방백서》,《국방통계》,《병무연보》등을 통해 파악할 수 있다. 다만 자료별로 발간 연도와 집계 시점, 집계 방법 및 정원에 포함하는 인력 기준이 달라 수치에 일부 차이가 있을 수 있다.[12]

〈표 2-2〉한국군 병력 규모와 구조

2018년 기준, 단위 : 명

구분	총병력	비율 (군간)	신분별 구성				
			간부			간부 비율	병(비율)
			장교	준사관	부사관		
현역군인(계)	599,000	100%	64,000	6,000	113,200	35%	391,200 (65%)
육군	464,000	77%	46,100	3,400	71,600	26%	342,900 (74%)
해군	41,000	7%	6,200	700	17,300	59%	16,800 (41%)
해병대	29,000	5%	2,200	100	5,500	27%	21,200 (73%)
공군	65,000	11%	9,500	1,900	18,600	46%	35,000 (54%)

* 자료 :《국방백서》(2018), 이은정 외(2017: 26-35) 및 내부 자료를 참조하여 재작성하였음

3

국방의 의무와 병역의 의무

━━━
━━━

1 　　　　　　　　　　　　　　　**헌법상 국방의 의무**
────────────────────────────────────

대한민국 헌법 제39조 제1항은 "모든 국민은 법률이 정하는 바에 의하여 국방의 의무를 진다"고 하고, 제2항에서는 "누구든지 병역의무의 이행으로 인하여 불이익한 처우를 받지 아니한다"라고 규정하고 있다. '국방의 의무'는 일반적으로 "외국의 침략적 행위로부터 국가의 독립을 유지하고 영토를 보선하기 위하여 부담하는 국가방위 의무"로 정의될 수 있다.[13]

　헌법 제39조 제1항은 국방의 의무와 병역의 의무에 관한 관계를 명시하지 않고, 국방의 의무를 법률에 의해서 구체화하도록 함으로써 의무의 내용을 입법자의 입법 형성에 비교적 광범위하게 위임하고 있다. 이에 따라 「병역법」은 제3조에서 "대한민국 국민인 남성은 헌법과

이 법에서 정하는 바에 따라 병역의 의무를 성실히 수행하여야 한다. 여성은 지원에 의하여 현역 및 예비역으로 복무할 수 있다"라고 규정하고 있다.

사실 1948년 헌법 제정 논의 당시부터 병역의 의무를 헌법상 의무로 규정하려는 논의가 있었다. 현재의 헌법 제39조에 해당하는 헌법 제29조를 심의하면서 헌법에 아예 병역의 의무를 명기하자는 입장과 국방의 의무로 충분하다는 입장이 대립하였다. 그러나 모든 국민에게 병역의 의무를 지우는 방안은 지나치게 과도하다고 하여 부결되었다.[14] 그 결과 헌법 조문은 "법률이 정하는 바에 의하여 국방의 의무"를 지는 것으로 확정된 것이다. 결과적으로 1948년 제헌 헌법에는 국방의 의무만 명기하고 1949년 제정 「병역법」에서 병역의 의무를 구체화함으로써 우리의 병역제도는 법령을 통해 의무가 구체화되는 형식을 갖추었다.

여기서 알 수 있는 것이 헌법상 국방의 의무와 법률상 병역의 의무는 분명히 다르다는 점이다. 국방의 의무와 병역의 의무는 어떻게 다를까? 이 두 개념은 범주상 상하 관계로서 개별 법률에서 구체화되고 있다는 것이 법학계의 일반적 시각이다.

첫째, 국방의 의무는 병역의 의무보다 상위 개념이자 큰 범주이다. 국방의 의무와 병역의 의무는 대등한 것이 아니다. 따라서 병역의 의무를 이행하지 않는 것이 곧 국방의 의무를 이행하지 않는 것은 아니다. 둘째, 그렇다면 도대체 한국에서 병역의 의무가 아닌 국방의 의무는 무엇인가? 헌법재판소에서는 국방의 의무에는 「병역법」에 의한 병역의무 외에도 「향토예비군설치법」에 의한 예비군 복무의무, 민방 위기본법에 의한 민방위 의무, 그 밖에 비상대비자원관리법에 의한 자원의 징발 협력 의무, 전시근로동원법에 의한 징발 및 징용 의무 등이 포함된다고 설명하였다. 요약하면 병역의 의무는 국방의 의무의 하위 개념이면서 가장 핵심적인 의무라고 할 수 있다.[15]

2   병역의 의무

병역 兵役. Military Service 의 개념에 대해서는 국내 대부분의 학자들이 "한 나라의 군사력 구성과 유지를 위해 병력을 충원하기 위한 인적 부담人的 負擔"(정주성 외,《한국 병역정책의 바람직한 진로》, 2003: 22)으로 정의하고 있다. 즉 병역은 국가 안보라는 목표 달성을 위하여 국가가 일정 기간 국민으로 하여금 강제적으로 군사 업무를 수행하게 하는 것이다. 헌법학자 유지태는 병역의 의무를 "국가의 복무명령이 있는 경우에 국민이 군의 구성원으로서 군에 복무할 의무"로 본다.[16]

나태종(2011)은 병역을 "국가 목표 달성을 위하여 국민에게 정해진 기간 동안 군에 복무토록 하는 것"이라고 정의하고, 이를 제도로 정립시켜 반영한 것을 '병역제도'라고 정의하였다.[17]

이들 개념에는 공통적으로 군 복무와 강제적 의무(부담)라는 두 가지 핵심 요소가 있다.

한편 병역을 권리라고 주장하는 견해도 있다. 나태종 교수는 병역 이행은 일방적인 의무가 아니라 "적극적으로 이행하면 명예와 실리가 보장되는 의무이자 권리"로 인식되어야 한다고 하였다.[18] 이러한 견해는 한국의 병역제도를 발전시키기 위해 병역의무를 피동적인 의무로 보는 시각에서 벗어나 적극적으로 이행하자는 취지로 이해할 수 있다. 그러나 어떤 것이 '권리'이기 위해서는 개인이 할지 말지를 스스로 선택할 수 있어야 한다. 마찬가지로 병역이 '권리'이기 위해서는 개인이 자기결정권에 의해 갈지 말지를 선택할 수 있어야 한다. 징병제하에서 자발적 선택권이 보장되지 않는 한 현재 한국에서 병역은 '의무'이지 '권리'로 보긴 어렵다.

근대적 의미의 징병제를 도입한 프랑스에서 최초의 병역은 의무이자 권리였던 것이 사실이다. 이전까지 군대는 소수의 귀족층이나 유한계급 출신들이 장교로 복무하던 곳이었다. 그런데 18세기 말, 프랑스에서 총동원 개념의 징병제를 도입하면서 저소득층 남자들이 의무적 군 복무를 마치면 선거권이라는 정치적 권리를 부여하였다. 이 때문에 뮐러 교수도 《징병제 비교연구》에서 프랑스혁명 당시 모든 남자 국민에게 부과된 병역은 의무이면서 동시에 군 복무를 마친 후 사회에서 정치적 권리를 주장할 수 있는 기능도 하였다고 평가한다.[19]

그러나 20세기에 세계적으로 선거권이 계급, 빈부, 남녀의 차이를 극복하고 전 국민에게 보편적으로 확대되면서 병역의무와 선거권의 연결고리는 희미해졌다. 따라서 한국을 비롯하여 징병제를 운용하고 있는 현대 국가에서 '병역'을 권리로 해석하는 것은 다소 무리가 있어 보인다.

4

여성 징병제 논의

---

1 여성 징병제를 둘러싼 논란

최근 여자도 군대에 가야 한다는 청와대 국민청원(여자도 군대 가라 청원 운동 10만 명 돌파, 2017.9.5.)에서 보듯이, 여성 징병제에 대한 찬반 논란은 요즘도 끊이지 않고 있다. 출산율의 급격한 저하로 병역자원이 부족해지면서 여성 징병을 찬성하는 주장이 더욱 힘을 받는 것으로 보인다.

여성 징병을 주장하는 측의 논거는 크게 세 가지이다. ▲헌법 제39조에서 모든 국민은 국방의 의무를 진다고 규정하고 있기 때문에 병역 부담의 형평성 차원에서 여성도 군대에 가야 한다. ▲여성도 신체적으로 남성 못지않으며, 꼭 전투 임무가 아니더라도 전투지원 임무를 수행하면 된다. ▲여성은 부사관, 장교부터 지원 가능한데 이것도 불평등하므로 남자처럼 병부터 복무해야 한다는 주장이다.

사실 한국 사회에서 여자도 군대에 보내야 한다는 여성 징병제 이슈는 어제오늘의 일이 아니다. 이 책에서는 그 주장의 정당성이나 옳고 그름을 따지기보다 다양한 시각을 소개하고자 한다. 먼저 외국의 여성 징병 사례를 소개하고, 여성 징병제를 둘러싼 주장의 양 측면을 살펴볼 것이다.

2   해외의 여성 징병 사례

외국에서 평상시에 여성 징병을 시행하는 국가는 거의 찾아보기 힘들다. 현재 중국, 이스라엘, 쿠바, 북한 정도에 불과하다. 이스라엘은 주변국과 충돌로 모든 국민이 군대에 가야 하고, 1948년 건국 당시부터 여성을 비전투병으로 징집해온 역사가 있다. 복무 기간은 남성 36개월, 여성 21개월 정도로 차이가 있다. 그러나 실제로 여성이 징병 되는 비율은 적은 편이라고 한다.

최근에는 노르웨이·네덜란드·스웨덴에서 여성 징병제 도입을 결정했다는 언론 보도가 있었다. 보도에 의하면 노르웨이가 북대서양조약기구NATO 회원국으로는 처음으로 2016년 7월 여성 징병제를 도입하여 남성과 마찬가지로 1년간 의무복무를 하게 하였다. 그러나 매년 징집 대상자 6만 명 중에 실제 군이 필요로 하는 병력은 1만 명 정도이다. 따라서 여성 중에서도 징집되어 실제 군 복무할 사람은 극소수에 불과하다.

스웨덴도 2010년에 폐지한 징병제를 2018년 1월부터 부활하면서 여성을 징병 대상에 포함하기로 했다. 징집 대상은 18세가 되는 남녀로서 9~12개월간 복무하게 된다. 스웨덴 정부는 "현대의 징집제도는 남녀 중립적이어야 해서 남성과 여성 양쪽 모두 포함되어야 한다"며 남녀 의무징병제의 도입 배경을 설명하였다.[20]

북유럽 국가들의 사례가 이상적으로 여겨질 수 있으나, 우리나라와는 출발 배경과 맥락이 전혀 다르다는 의견이 유력하다. 정재훈 서울여대 교수는 북유럽의 최근 여성 징병제 도입 논의는 매우 높은 수준의 남녀 성 평등 문화가 그 배경이었다고 분석하며 "우리나라가 노르웨이 수준의 성 평등 문화를 갖고 있는지 의문"이라고 지적한 바있다.

3   남자만 군에 가는 것은 위헌인가?

헌법상 모든 국민에게 부과한 국방의 의무와 「병역법」상 남성에게만 병역의 의무를 부과하는 것은 모순일까? 그간 세 차례의 위헌심판 제청에 대한 헌법재판소의 결정이 여성 징병제에 대한 찬반 논쟁의 핵심을 잘 요약해주고 있다.

위헌심판 제청 요지는 상위법인 헌법에서는 국방의 의무를 모든 국민에게 부과하였는데 하위법인 「병역법」에서 대상을 남성으로만 한정한 것은 문제라는 것이었다. 법률상 「병역법」 제3조 제1항 "대한민국 국민인 남자는 헌법과 이 법이 정하는 바에 따라 병역의무를 성실히 수행하여야 한다. 여자는 지원에 의하여 현역에 한하여 복무할 수 있다"는 규정이 헌법 제11조 평등권을 침해하고 있는지가 쟁점이었다. 또한 「병역법」 제3조 제1항을 헌법 제39조 '국방의 의무'에 대한 위헌으로 문제를 제기하였다. 이에 대해 헌법재판소는 2010년, 2011년, 2014년 모두 합헌 결정을 하였다.[21]

헌법재판소에 따르면 "국방의 의무는 「병역법」에 의해 군 복무에 임하는 등 직접적 병력 형성 의무만 가리키는 것은 아니며 간접적인 병력 형성 의무 및 병력 형성 이후 군 작전 명령에 복종하고 협력해야 할 의무도 포함한다"는 것이다. 헌법상 의무에 "법률이 정하는 바에 의하여"를 규정한 것은 입법의 재량을 법률의 단계로 위임한 것이다. 즉 헌법상 국방의 의무는 병역법을 통해 구체적으로 구현되는데, 한국에서 징병의 대상을 남성으로 한정한 것은 위헌이 아니라고 보았다.

헌법재판소는 "남성이 전투에 더 적합한 신체적 능력을 갖추고 있고 신체적 능력이 뛰어난 여성도 생리적 특성이나 임신과 출산 등으로 훈련과 전투 관련 업무에 장애가 있을 수 있다"며 "최적의 전투력 확보를 위해 남성만을 병역의무자로 정한 것이 자의적이라고 보기 어렵다"고 밝혔다. 이 밖에도 ▲여성이 전시에 포로가 되는 경우 남자에 비해 성적 학대를 비롯한 위험에 노출될 가능성이 더 커서 군사작전 투입에 부담이 크다는 점 ▲여성 징병제 도입 시 발생하는 막대한 경제적 비용 ▲징병제 채택하는 다른 국가들의 일반적 상황 ▲도입 시 남녀 간 성적 긴장 관계에서 발생하는 군 기강 해이 문제 등으로 "남성만이 병역의무를 지는 것이 위헌이 될 수 없다"고 결정하였다.

다른 한편, 남자는 병으로 입영하는데 여자는 부사관이나 장교 같이 군 간부로 바로 가는 것이 부당하니 여자도 병 생활부터 해야 한다는 입장이 있다. 여군들이 간부부터 시작하여 병사들의 고충을 잘 모르고 군 지휘에 문제가 있을 수 있다는 우려도 적지 않다. 사실 남녀를 떠나 군 간부가 병 생활을 경험하는 것은 군 지휘 등 여러 면에서 의미가 있다.

그런데 이러한 주장은 지금도 남자가 병 생활을 하지 않고 바로 군 간부로 오는 경우를 간과하고 있다. 한국에서 장교나 부사관으로 오는 남자들도 병 대신 간부를 택하고 온다. 장교는 3년, 부사관은 4년 동안 병역의무를 간부 생활로 지는 것이다. 만약 여성도 병 생활을 먼저 하고 간부를 하는 것이 바람직하다면, 남자도 병 생활을 먼저 하고 간부로 오게 할 필요가 있다. 실제로 징모혼합제의 형태로 지원에 의한 전문병사나 계약직 병사가 확대되면 여성도 정책 결정에 따라 병으로 복무할 수도 있다. 그러나 이를 위해선 내무반 등 각종 생활관 시설, 야간조 등 근무 형태, 병 훈련 형태와 체계 등 여러 면에서 점검

역사와 쟁점으로 살펴보는 한국의 병역제도

하고 고쳐야 할 사항이 많다. 이 과정에서 자칫 큰 실익이 없는 상태에서 여성을 병으로 징병하기 위해 막대한 비용과 불필요한 사회·경제적 논란을 가중시킬 수도 있다.

마지막으로 부담의 형평성 차원에서 남자만 병역의 의무를 지는 것이 매우 큰 부담이므로 여성도 부담을 나눠 가져야 한다는 입장이 있다. 징병제를 채택하고 있는 우리나라에서 현역 복무의 부담은 개인에게 국가가 가하는 가장 강력한 신체적 부담이자 그 기간이 2~3년에 이르기 때문에 막대한 개인적 손실을 감내해야 한다. 현역 복무가 끝난 다음에도 일정 기간 예비군 동원훈련 의무가 있고, 공식적으로는 40세까지 병역의무가 유지된다. 이처럼 남성의 병역 부담이 과도하니 여성도 어떤 형태로든 부담을 나누도록 해야 한다는 의견은 일견 타당해보인다. 문제는 여성도 남성과 똑같은 병역의 형태로 부담을 져야하는가 일 것이다.

근본적으로 현대 국가에서는 개인에게 가하는 부담은 필요 최소한으로 하고, 혜택은 충분히 나누어야 한다. 이러한 측면에서 징병제하에서 개인에게 부과하는 병역 부담은 필요 최소한으로 부과하는 것이 바람직하다는 반대 의견도 있다. 의무라는 명목 하에 일률적으로 부담을 확대하는 것은 경계할 필요가 있다. 남성에게 부과되는 부담이 과하다면 그 부담 자체를 완화하는 데 초점을 맞춰야지, 그 부담을 널리 퍼지게 하는 것은 바람직한 방향으로 보기 어렵다는 입장이다.

이런 측면에서 국가는 남성들의 병역 부담과 여기에서 비롯되는 상대적 박탈감을 회복시키는 데 정책의 주안점을 둘 필요가 있다. 징병으로 남자들이 받는 손실에 대해 더욱 실효적인 보상 방안을 강구하는 등 국가는 계속 노력해야 할 것이다.

군 인력 관리와 병역제도

앞서 국가의 핵심 안보 수단은 여전히 군사력이며, 군사력은 기본적으로 적정한 규모의 군 병력을 기반으로 할 수밖에 없다고 하였다. 무기 체계가 아무리 고도화, 전문화된다고 해도 무기 체계와 각종 장비, 시스템을 운용하는 것은 결국 사람이기 때문이다. 따라서 어느 국가나 적정 군사력을 형성하고 유지하기 위한 병력 구성이 중요하며, 이는 곧 군인을 어떤 방식으로 충원할 것인가의 문제로 귀결된다.

1

국방정책으로서의 병역제도

‑‑‑‑‑‑‑

1 국방정책

정책이란 무엇일까? 누구나 계획을 세우고 어떤 일을 할 수 있지만 보통 개인이 사적 영역에서 하는 계획이나 방침을 정책이라고는 하지 않는다.《정책학 원론》을 쓴 정정길 교수에 따르면, '정책'이란 "바람직한 사회 상태를 이룩하려는 정책 목표와 이를 달성하기 위해 필요한 정책 수단에 대하여 권위 있는 정부기관이 공식적으로 결정한 기본방침"이라고 할 수 있다.[22] 여기서 '정책'의 핵심 요소는 달성하려는 목표, 수단, 정부기관의 방침으로 정리된다.

국방 분야에서도 위 핵심 요소를 기반으로 '국방정책'을 정의하고 있다. 조영갑은 '국방정책'에 대해 "국방기관이 외부의 위협이나 침략으로부터 국가의 생존을 보장하기 위해 정치적·행정적·군사적 과정을 거쳐 군사적·비군사적 방위수단을 통합하여 건설, 관리, 유지 및 운용하기 위한 장기적인 국방의 공식적 기본지침"이라고 정의하였다.[23]

정치학자이자 냉전 이후의 세계질서를 다룬《문명의 충돌》저자로도 유명한 하버드대 새뮤얼 헌팅턴 S.P. Huntington 은 국방정책을 전략에 대한 정책과 구조에 대한 정책으로 구분하였다.[24] 전략 정책은 군사력 사용과 관련한 전략적 결정을 의미하며, 구조 정책은 예산·인력·무기 체계·군수품 등 자원의 획득 및 사용과 관련한 구조적 결정을 의미한다.

헌팅턴의 구분에 따르면, 병역정책은 국방정책 중 군 구조, 인력 구성에 대한 정책이라고 할 수 있다. 병역정책은 병역제도를 운용하면서 어떤 내용을 바꾸거나, 개선하거나 정책수단을 변경하거나 하는 일련의 정책이다. 먼저 군 구조, 인력 구성에 대한 체계나 제도를 군 인력제도 혹은 군 인사제도라고 총칭한다. 병역제도는 군 인력 중 병 집단의 획득, 활용 및 관리 방법에 관한 일체의 제도 체계라 할 수 있다. 김두성은 '병역제도'를 "군사력 구성과 운영 유지에 필요한 병력을 충원하기 위한 제도"로 정의한 바 있다.[25]

기능적 측면에서 병역제도는 군 병력 규모를 충족하기 위해 적기에 필요한 군 인력을 충원하는 수단이다. 인구 공급 측면의 병역자원[26]과 수요 측면의 군 병력 규모를 연결하는 매개적 기능을 한다. 그러나 병역자원은 출산율이라는 인구 조건에 의해 결정되는 반면, 군 병력은 각국의 안보 환경과 군사전략, 과학기술 수준, 재정 여건 등에 의해 달리 결정되는 속성을 가진다. 이런 점에서 징병제를 운영하는 국가에서는 현역 군인 수요를 충당하고 남은 잉여 병역자원을 어떻게 처리할 것인가가 항상 문제가 되어왔고, 이를 해결하기 위해 각국은 다양한 병역정책을 시행해왔다. 대표적으로 병 복무 기간의 단축 및 조정, 병역 면제의 광범위한 활용 그리고 대체복무 활용 등이 있다. 이에 대해서는 이 책의 제3부와 제4부에서 상세히 다룰 것이다.

2   군 인력정책과 병역제도

행정학에서 인력정책이란 정부나 공공 조직이 필요로 하는 인력을 적절히 획득, 유지, 활용할 수 있도록 계획을 수립하고 인력시스템의 제도 개선을 모색하는 것이다. 이러한 차원에서 군 인력정책이란 군사력 구성과 운영 유지에 필요한 병력을 충원하기 위한 군 인력 충원 및 운영 원칙을 총칭한다.

군 병력은 간부(장교, 부사관)와 병으로 구성되는 바, 보통 간부를 중심으로 한 군인 충원과 활용 메커니즘을 군 인력제도 또는 군 인사제도라고 한다. 어느 나라든 군 간부는 직업군인으로서 장기간 복무하게 하는 것이 일반적이므로 충원 방법도 지원에 의한 직업군인 선발 정책을 따른다. 한편, 군 인력 중에서도 병 집단을 충원, 운용하는 메커니즘을 병역제도라고 하였다. 직업군인인 간부와 달리, 병 집단은 일반적으로 수개월에서 수년 정도 단기간 복무한다.

　현대적 의미에서 군 복무Military Service가 강제적으로 이행되는지 자발적으로 이행되는지 여부는 나라에 따라 다르다. 개인이 지원해 군 복무하는 제도를 지원병제Volunteer System, 즉 모병제라고 하며, 반대로 국가가 강제로 징집하는 제도를 의무병제Compulsory System 또는 징병제라고 한다.

군 인력 관리 체계

국방 인력은 군 병력인 군인, 군에 근무하는 군무원, 그리고 국방부 등 관계 기관에 근무하는 민간 공무원을 포괄하는 개념이다. 외국에서도 국방 인력 Defense Personnel 과 군인 Military Personnel 을 구분하여 사용한다. 국방 분야에 근무하는 공무원과 군인, 군무원을 포괄한 것을 광의의 국방 인력이라고 하고, 군인으로 구성된 병력을 협의의 국방 인력이라고 할 수 있다.

 이 장에서는 협의의 국방 인력, 즉 군인 병력을 중심으로 군 인력정책과 관리 체계를 설명할 것이다. 한국군의 병력 충원 체계는 창군 초기부터 병사에 대해서는 징병제로 충원하고, 장교·부사관 등 장기 복무를 하는 군인은 지원에 의한 직업군인제로 선발하는 체계를 일관되게 유지해오고 있다. 장교와 부사관을 일반적으로 간부라고 칭하며, 이들은 복무 기간, 전문 분야 등에 따라 다양한 선발 방식을 운영하고 있다. 직업군인의 다양한 선발, 충원 형태에 대해서는《2014 국방 인력운영 분석과 전망(I)》(이은정, 조관호 외)을 참조하면 좋다.[27]

2 군 인력 관리 체계

병역제도를 본격적으로 다루기 전에 군인 충원 혹은 군 인력 관리 체계를 먼저 이해할 필요가 있다. 군 인력 관리란 군인, 즉 병력을 충원하고 교육하고 배치하고 유출(전역·퇴역·소집해제 등)시 다시 충원하는 일련의 과정을 말한다. 일반적으로 국방 인력의 대부분을 차지하는 것이 군인이기 때문에 이 책에서는 군인을 중심으로 군 인력 관리 체계에 대해 설명할 것이다.

군인 신분에 따라 군인 충원 체계를 세 가지 유형으로 구분할 수 있다. 이는 어느 나라든 군인 신분이 크게 직업군인인 장교 집단과 병 계급 집단으로 구분된다는 점에 착안한 것이다. 부사관은 나라에 따라 장교 그룹에 포함하는 경우도 있고, 병 그룹의 상위 레벨로 보는 경우도 있다.

군은 적정 병력의 규모를 유지하는 것 자체가 중요한 목표이기 때문에 대부분 최하위 계급의 병들은 단기 복무 계약에서 시작한다. 그 다음 1~3년 정도 단기 복무 후 장기 복무로 연장하거나, 부사관 또는 장교로 전환한다.

먼저, 미국은 병/부사관 집단과 장교 집단으로 구분되어 별도로 충원하는 이원형 구조이다. 병과 부사관은 하나의 신분 체계에 속하며 병 복무를 다 마친 후 희망자를 대상으로 선발을 거쳐 부사관으로 진급하는 체계이다. 따라서 미국에서 부사관으로 복무하고자 하면 반드시 병으로 먼저 지원하여 계약 기간만큼 복무를 마쳐야 한다. 이렇게 병에서 부사관이 하나의 신분 구조로 연결되어 있는 체계는 징병제를 유지하던 시기부터 유지되어온 전통이다.

둘째, 병, 부사관, 장교가 구분 없이 하나의 충원 체계에서 선발되는 경우도 있다. 대표적으로 이스라엘은 일원형, 단선형 구조를 취하고 있다. 이스라엘의 경우 처음부터 장교로 임관하는 루트가 거의 없는 대신 징병제에 의해 모두 병으로 복무를 시작한다. 이후 병 복무 종료를 전후하여 장교 복무 희망자, 자질 우수자 등을 걸러 장교로 전환한다. 부사관 집단은 별도로 제도화되어 있다기보다 부대별로 소규모로 선발, 운용하는 방식이다.

마지막으로 한국은 병, 부사관, 장교가 충원 과정에서부터 분리된 삼원형 구조를 택하고 있다. 징병제를 택하고 있으면서 개인이 병역의 의무를 병, 부사관, 장교로 선택하여 지원할 수 있는 것도 특이한 형태이다. 병, 부사관, 장교의 의무복무 기간도 다르다. 또한 부사관과 장교의 경우는 직업군인의 성격도 갖고 있기 때문에 직업군인으로서

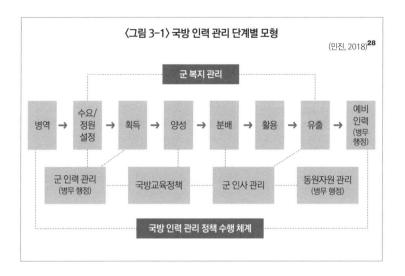

〈그림 3-1〉 국방 인력 관리 단계별 모형

(민진, 2018)[28]

군 복지 관리

병역 → 수요/정원 설정 → 획득 → 양성 → 분배 → 활용 → 유출 → 예비인력 (병무 행정)

군 인력 관리 (병무 행정)　국방교육정책　군 인사 관리　동원자원 관리 (병무 행정)

국방 인력 관리 정책 수행 체계

의 급여를 받는다는 점도 특이점이다.

　군 인력제도나 정책은 대상 집단이 간부나 병으로 나뉘고, 용어도 획득, 충원, 병역 등 어려운 용어가 많아 이해하기 쉽지 않다. 민진은 《국방행정관리론》(2018)에서 〈그림 3-1〉처럼 획득, 양성, 배분 활용, 유출 단계별로 군 인력 관리 체계를 모형화하였다. 획득과 유출은 국가나 군의 입장에서 표현한 것으로 군인이 군에 입대하고 전역하는 것을 의미한다.

　행정부에서는 현재 국방부 인사기획관실에서 병역정책과 「병역법」, 병역제도 및 개선사항을 연구하는 등 병역정책을 총괄하고 있다. 병무청은 병역자원 등록, 병역판정검사(구 징병검사), 입영통지서 또는 소집 통지서 송달 등 병으로서 군대에 들어가고 나오는 '입·출入·出'과 관련한 실무 행정 일체를 수행하고 있다. 한편 병무 행정의 연혁에서 주민등록법 제도의 체계화가 중요한 배경으로 자리한다. 박정희 정부는 1962년 주민등록법을 제정하고, 1968년 주민등록제도를 대폭 개정하면서 성인 남녀는 개인에게 부여된 주민번호와 지문이 찍힌 주민등록증을 소지하도록 하였다. 그 결과, 일정 연령의 남성에 대한 병역판정검사 및 징집과 체계적 동원이 가능하게 되었다고 평가된다.[29]

병역 이행 체계

1   연령별 병역 이행 체계

현재 한국 병역법령 및 병역제도상 개인별 병역의무 이행은 병역판정검사(구 징병 신체검사) 결과에 따른 신체등급에 의해 결정된다. 신체검사에 의한 신체등급 결정을 전후로 개인의 병역의무 이행 체계는 연령에 따라 〈그림 3-2〉(72쪽)와 같이 체계화되어 있다.

기본적으로 모든 대한민국 국민인 남자는 18세가 되면 '병역준비역'(구 제1국민역)이란 병역자원의 형태로 병적兵籍에 등록되면서 병역의무가 발생한다. '병역준비역'은 병적에 등록되었으나 아직 병역을 이행하지 않은 사람들을 통틀어 칭하는 명칭이다.[30] 보통 19세가 되면 병무청에서 실시하는 병역판정검사(구 징병검사)를 통해 병역감당 여부를 판정받고 그 결과에 따라 일반적으로 그 다음 해인 20세부터

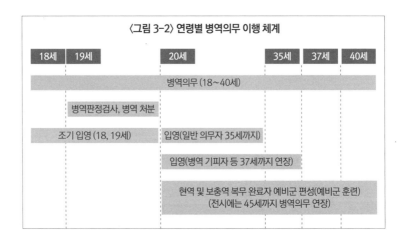

〈그림 3-2〉 연령별 병역의무 이행 체계

| 18세 | 19세 | | 20세 | | 35세 | 37세 | 40세 |

병역의무 (18~40세)

병역판정검사, 병역 처분

조기 입영 (18, 19세)　　　입영(일반 의무자 35세까지)

입영(병역 기피자 등 37세까지 연장)

현역 및 보충역 복무 완료자 예비군 편성(예비군 훈련)
(전시에는 45세까지 병역의무 연장)

입영한다. 다만, 병역판정검사를 받은 그해에도 본인이 지원할 경우 입영할 수 있으며, 각 군 '모집병'에 지원할 경우는 18세부터 입영 가능하다.

입영은 최대 35세 이전까지 해야 하며, 병역기피 사실이 있는 사람의 경우 입영의무는 37세까지 연장된다. 개인별로 24세까지는 대학 교육, 해외 유학, 취업 등의 사유에 대해 입영 연기나 일시적인 입영 일자 연기를 허용하되, 24세를 초과하면 원칙적으로 대학원 등 학업 사유를 제외하고는 입영 연기를 허용하지 않는다. 이는 군에서 전투력 유지를 위해 비교적 젊은 연령대의 인력을 일괄적으로 활용하고, 사회적으로도 병역기피를 방지할 목적으로 일정 연령대까지 병역 이행을 집중시키기 위함이다. 현역 및 보충역 복무만료자는 예비군에 편성되어 일정 연령과 기간 동안 동원훈련의 의무가 있다. 「병역법」

　　　　　역사와 쟁점으로 살펴보는 한국의 병역제도

상 입영·소집·동원을 포함한 모든 유형의 병역의무는 40세에 종료되며, 전시戰時에는 병역의무가 45세까지 연장된다.

2 병역판정검사와 병역 처분

흔히 '신검', '징병검사'라고 하는 징병 신체검사는 19세인 대한민국 남자를 대상으로 하며, 최근 「병역법」 개정에 따라 '병역판정검사'로 명칭이 바뀌었다. 병역판정검사는 군 복무에 적합한지 여부와 그 등급을 분류하는 일련의 과정으로 심리검사, 신체검사, 적성분류 세 단계로 구성되어 있다. 〈표 3-1〉에서 볼 수 있듯이 신체검사 결과 개인은 7개의 신체등급으로 구분되는 바, 크게 보면 군 복무 적합자(합격 판정자로서 신체등급은 1급~4급)와 불합격자(5급~6급)로 구분된다. 7급은 재검사 대상이다.

신체검사 결과, '군 복무 적합자'와 '불합격자'의 개념을 보다 명확히 이해할 필요가 있다. '군 복무 적합자'란 신체검사 결과 신체등급

〈표 3-1〉 병역판정검사 결과 및 병역 처분 체계

신체등급	1급	2급	3급	4급	5급	6급	7급
병역 처분	현역			보충역	전시 근로역	병역 면제	재신검 대상
군 복무 적합 여부	군 복무 적합(합격)				군 복무 부적합(불합격)		재검사

과 학력 등 기타 요건을 종합적으로 고려하여 군 복무에 적합하다고 판정된 인원들이다. 이들은 전시, 평시平時를 통틀어 언제라도 군에 현역병으로 입대하여 복무할 수 있는 신체적 요건을 갖춘 자원들이다. '합격자'를 다시 1급부터 4급까지 세분화하는 이유는 병역자원의 신체나 자질을 상세하게 분류해두고 병역자원 수급 상황에 맞게 우수한 자원부터 활용하기 위함이다.

이러한 신체등급 구분과 1급부터 4급까지를 '합격'으로 보는 체계는 1960년대부터 안정적으로 유지되어 왔다. 군의 입장에서는 유사시 현역병 수요가 급증할 가능성을 대비하여 '군 복무 적합자'를 충분히 확보해둘 필요가 있다. 즉, 처음부터 신체적으로 병역에 적합하지 않다고 판정하는 인원을 최소 수준으로 유지함으로써 유사시 병력 동원의 효율성을 보장할 수 있다.

한편 신체등급 1급부터 4급자에 대한 '현역'과 '보충역'의 판정은 향후 이행하게 될 역종役種, 즉 병역 이행 역할의 종류를 부과하는 '병역 처분'으로서 행정 행위의 성격을 지닌다. 현역, 보충역의 판정 비율은 연도별 병역자원 수급 전망에 따라 달리 결정된다. 병무청장은 매년 군 복무 적합자(1~4급) 중에서 향후 수년 내 현역병 입영 수요를 충족할 정도의 인원 규모만큼을 '현역'으로 병역 처분을 내리고, 나머지는 '보충역'으로 병역 처분을 내린다. 대개 19세에 신체검사를 받으면 20세에 집중적으로 입영하고 21세경 나머지가 주로 입영하기 때문에 대략 향후 1~3년 기간 동안 현역병 수요를 고려하여 안정적으로 해당 연도의 '현역' 판정 규모를 결정하는 방식이다.

보통 병무청에서 신체검사를 받는 날, 개인별 신체등급과 병역 처분 판정이 동시에 나오기 때문에 '4급=보충역', '1급=현역'으로 보는 사람이 많다. 그러나 개인별 '신체등급(1급~7급)'이 개인에게 귀속된 등급인 반면, 현역이나 보충역, 병역면제 같은 역종은 '병역 처분'으로서 군의 연도별 현역 수요와 병역의무 대상 인구 규모에 따라 바뀔 수 있다. 현재는 1급부터 3급까지가 '현역' 판정을 받으며 4급 자원은 '보충역' 판정을 받는다. 그러나 인구가 많았던 과거에는 1~2급까지만 현역 처분을 받고, 3~4급은 보충역 처분을 받았다. 군 수요에 비해 인구가 현저히 부족해지면, 1~4급 전체가 현역 처분을 받을 수도 있다.

'군 복무 불합격자'란 신체검사 결과 신체적 조건이 군 복무에 적합하지 않다고 판단된 자원(5급, 6급)으로서 이들은 현역병이 모자라도 군에 복무시키지 않는다는 점에서 사실상 면제라고 할 수 있다. 5급(전시근로역)은 평상시 군에 복무하기에 적합하지 않지만 전쟁 등 비상 상황 발생시에는 근로소집 대상자이다. 전시 근로란 비군사적 전투지원 업무를 수행한다는 의미이다. 6급은 평시와 전시 구분 없이 신체적 조건상의 이유로 병역이 완전히 면제된다.

7급은 그 자체가 신체등급은 아니고 질병, 사고 등의 이유로 추후에 다시 검사를 받아야 하는 사람들을 말한다. 엄밀히 말하면, 7급 판정자들은 사고·질병의 진행 경과 등에 따라 재검사가 필요하여 현재

(2017년 신체검사)

신체 등급	전체 신검 인원	1급	2급	3급	4급	5급	6급	7급
병역 처분		현역			보충역	전시 근로역	병역 면제	재검 대상
인원 (명)	323,800	264,297			43,202	7,729	1,041	7,531
비율	100%	81.6%			13.3%	2.4%	0.3%	2.3%
		95%				2.7%		2.3%

* 출처: 2018 병무통계 및 국방부 통계 자료

일시적으로 판정을 보류하는 것이므로 신체등급으로 보기에는 무리가 있다.

〈표 3-2〉에 의하면, 2017년 한 해 동안 총 32만 3,800명이 병역판정검사를 받았다. 그 결과 1급부터 4급까지 총 95%가 군 복무 적합 판정(합격)을 받았다. 이 중 현역으로 복무하게 되는 1~3급이 26만 4,000여 명으로 전체의 81.6%이며, 이를 현역 판정률이라고 한다. 4급 보충역이 4만 3,000여 명으로 13.3%이다. 불합격자나 재검사를 합해도 5% 수준임을 감안하면, 동일 연령대에 신체검사를 받는 병역자원의 거의 대부분이 현역복무나 대체복무를 하게 되는 셈이다.

4

누가 군대에 갈 것인가

━━━━━

"누가 군대에 갈 것인가?"라는 질문은 "사회에서 어떤 사람을 군에 우선 충원해야 하는가"라는 질문으로 이어진다. 병역제도에 있어 세부 병역판정검사 기준 및 입영 순서, 형평성과 효율성의 기준은 나라마다 다르다. 신체와 학력 등 자질 면에서 우수한 사람을 우선 징집(충원)하는 것이 타당한가, 아니면 자질이 다소 낮은 사람을 군에서 징집(충원)하는 게 타당한가? 그것도 아니면 일정한 요건을 통과하는 모든 병역의무 대상자에게 무작위 추첨을 하게 하여 군에 갈 사람을 뽑을 것인가? 얼핏 보면, 답이 금방 나올 것 같지만, 의외로 이에 대한 대답은 사람마다 다르고, 나라에 따라 시대에 따라서도 다르다.

사실 미국, 유럽 등 대부분의 선진국에서는 군 병력 수요보다 인구가 항상 많았다. 그래서 징병제를 운용하던 시기에도 군 수요에 필요한 만큼만 현역병으로 입영시키고, 남는 자원에 대해서는 별도의 의무를 부과하지 않았다. 따라서 군이 누구를 배제할 것인가가 아니라, 군이 누구를 징집할 것인가에 초점을 맞추었다.

대표적으로 미국은 징병제하에서 1960년대 베트남전쟁을 수행하던 당시에도 군에서 필요한 현역병 규모만큼만 징집하였다. 병역가용 자원이 많고 징집되는 사람 수가 매우 적었기 때문에 "누구를 징집할 것인가"에 초점이 맞추어졌다. 1950~1960년대에 미 국방부는 매년 총 병역자원 중 50~75% 정도가 군 복무에 적합하다고 판단하였다. 문제는 많은 군 복무 적합자들 중 소수의 병 징집 인원을 어떤 기준으로 선발하느냐에 있었다. 마침 전쟁 중이었기 때문에 이 기준은 매우 민감했고, 사회적으로도 논란이 많았다. 린든 존슨 대통령이 병역제도개선위원회 위원장으로 지명한 버크 마셜도 징병제 운용국가에서는 선발 기준이 매우 중요하다고 보았다.

마셜은 1960년대 시민권운동으로 유명했던 변호사로서 이후 예일대 법대 교수로 재직하였다. 교육 수준, 인종 등에 따라 능력이 뛰어난 사람만 선발하는 것은 형평성에 위배된다. 마찬가지 이유에서 교육 수준이 낮고, 인종적으로 열등한 사람만 군에 징집하는 것은 불합리한 차별이다. 당시까지 미 병무청(선병청)에서 운용했던 것은 '연장자 먼저'the oldest first 원칙이었다.[31]

1967년 마셜을 위원장으로 하는 병역제도개선위원회에서는 당시까지의 선병청의 기준에 문제가 있다고 보았다. 선병청이 '연장자 먼저' 원칙을 고집한 이유는 연장자가 될수록 병역면제의 가능성이 커지기 때문에 병역면제와 기피를 막기 위해서였다. 그러나 '연장자 먼저' 원칙을 고수하면 젊은 학생들의 병역 불확실성이 커지고, 전투력 면에서도 상대적으로 더 우수한 젊은 사람들을 징집하지 못하게 된다. 오랜 검토 끝에 병역제도개선위원회에서는 19세가 되는 '젊은 사람 먼저'The youngest first 라는 단일 원칙을 제안하였다. 그리고 19세 자원 중 선발은 무작위 추첨 방식 Lottery, 복권 추첨 을 사용하였다. 19세가 되는 청년들 중 무작위로 추첨하여 연간 징집 수요 인원만큼만 징집한 것이다.

스페인 등 유럽에서도 군 수요 대비 징집 대상 병역자원 인구가 많아 군에 모두 가기 힘들어지면서 무작위 추첨 방식을 적극 활용하였다. 무작위 추첨 방식은 의무병 비율이 높았던 국가에서 모병제로 전환할 때에도 주로 채택한 방법이다. 즉, 모병제 전환기에 대상 인구는 많은 반면, 현역병 징집 수요는 계속 감소하기 때문이다.

최근 태국에서도 제비뽑기로 군대에 간다는 기사가 화제가 된 바 있다.[32] 빨간색 종이를 뽑으면 군대를 가고, 검은색 종이는 면제라고 한다. 태국에서는 남성이 21세가 되면 징집 대상이 되지만, 인구 6,700만여 명 중 매년 징집 대상인구가 100만여 명에 달한다. 징집 대상 인구가 군 복무자의 3배가 넘기 때문에 대상인구의 20% 정도만 징집된다. 동시에 군의 대우가 나쁘지 않아 군 복무를 선호하는 편이라고 한다.

언론기사에 의하면, 태국의 대졸자 초임은 월 1만~1만 2,000

바트(약 32만~39만 원) 수준인데 가정을 꾸리고 살 만한 정도 수입이 1만 5,000바트(약 48만 원)이다. 군에서는 숙식을 제공하면서 월 3,200~9,000바트(약 10만~29만 원)를 제공한다.

멕시코도 유사한 추첨 방식으로 징병제를 운용하고 있다.[33] 입대와 면제 비율이 약 4 대 6 정도로 병역 대상 인구의 40% 정도가 징집된다고 한다. 멕시코는 마약 등 범죄 사건이 많아 실제 전투에 나서는 군인들은 모병제로 운영하고 후방 지원이나 청소 등 잡역에 동원될 인원은 징병제로 충당한다고 한다.

반면 징병제를 운용하고 있는 터키에서는 저학력자를 중심으로 군에 먼저 징집하고 있다. 대학생 이상 고학력자는 군에 거의 안 가거나 정식으로 돈을 내서 면제 받기도 한다. 복무 기간에서도 차등을 두어 대졸자는 6개월 단기복무병으로 복무하고, 학력이 낮은 일반병은 12개월을 복무하게 하고 있다. 이집트에서도 학력에 따라 의무병의 복무 기간을 달리하여 대졸자는 12개월, 고졸자는 2년, 중졸 이하는 3년을 복무하게 하고 있다.[34] 즉 학력이 낮을수록 숙련 기간이 더 필요하다고 보아 더 오래 복무하게 하고, 고학력자는 더 짧게 복무할 수 있게 하고 있다.

위와 같이 다양한 시기에 여러 국가의 사례에서 알 수 있듯이 징병제를 운영할 때에도 의무병의 선발 방식은 매우 다양하다. 한 국가에서도 공정성의 기준이 시기나 정부에 따라 달라지기도 했다. 어떤 한 시기에 공정하거나 효율적이라고 여겨졌던 원칙이 시대적 변화에 따라 다른 시기에는 정반대의 기준으로 바뀌기도 했다.

한국에서도 동일한 질문이 가능하다. 병역자원이 많을 때는 1급과 2급 등 신체 우수자를 우선 징집하는 것이 좋을까, 아니면 군 복무 적합자 중에서 무작위로 추첨하는 것이 좋을까? 오래 기다린 연장자를 먼저 징집해야 할까, 아니면 연장자는 사회에서 일해야 할 필요성이 더 클 것이기 때문에 젊은 사람을 먼저 징집해야 할까? 고학력자나 체육, 예술 등 분야에서 우수한 사람에게 면제 등 편의를 봐줘야 할까? 아니면 똑같이 의무를 다해야 할까? 학력 기준에서는 학력이 높은 사람을 우선 징집해야 할까, 아니면 학력이 낮은 사람을 우선 징집해야 할까?

이러한 질문들은 인구가 많아 군대 갈 사람이 남을 때도, 인구가 적어 군대 갈 사람이 부족해질 때도 항상 제기될 수 있는 문제이다. 쉽게 답할 수 없는 질문들이지만, 충분히 질문할 가치가 있다.

병역제도 이론과
외국의 병역제도

병역제도의
역사와 전통적 이론

CHAPTER 4

징병제와 모병제 등 병역제도의 선택은 각 나라가 처한 지정
학적 여건, 주요 안보 위협 요인, 주변국의 성향 및 군사력,
군대 및 안보에 대한 국민의 인식, 경제·사회적 분위기, 역사
적 여건 등에 따라 달리 결정된다.[1] 또한 기존의 병역제도나
정책에 대해서도 안보 상황이 변하거나 재정 여건, 인구 변
화 등 다양한 요인에 따라 변동을 모색한다. 4장에서는 세계
각국의 병역제도 변동 연혁을 간략하게 먼저 살펴보고 주요
국가별로 군 인력 관리 체계와 병역제도의 변동 과정을 상술
하고자 한다.

병역제도의 역사

병역제도는 성격상 이론적이라기보다 경험적인 제도이다. 국가별로 필요에 따라 병역제도를 운용하면서 변화시켜온 제도를 이론화한 것이 병역제도 이론이다. 따라서 병역제도와 이론을 이해하기 위해서는 실제 각국에서 병역제도가 어떻게 변해왔는지 역사를 알아야 한다.

역사적으로 근대적 의미의 상비군을 갖춘 국가들은 최초의 병역제도로 대부분 징병제를 채택하였다. 즉 최초에는 대부분의 국가에서 징병제를 채택하였다가 20세기 중·후반기에 안보 상황 변화 및 국내 사정에 따라 모병제로 전환하는 추세이다. 유럽 국가들 대부분은 냉전 기간 동안 징병제를 계속 유지하다가 냉전 종식 이후 1990년대부터 모병제로 전환을 완료하였거나 진행 중에 있다.

근대적 의미의 징병제도는 1789년 프랑스혁명 이후, 프랑스에 대항하여 결성된 유럽 국가들의 대불동맹(First Coalition-Seventh

Coalition, 유럽 국가들이 프랑스 제1공화국과 프랑스 제1제국 타도를 목적으로 결성한 동맹)을 격파하기 위해 1793년 프랑스의회에서 선포한 '국민총동원령'을 그 시초로 본다. 프랑스혁명으로 절대왕정과 신분제도가 혁파되고, 동시에 유럽의 대불동맹에 대항하기 위해서는 대규모의 군대가 필요하였다. 나폴레옹은 모든 시민이 국토방위의 주체가 되는 국민개병주의를 주창하며 대규모의 상비군을 구성하였고, 전쟁에서 연승을 이끌었다. 보통 프랑스의 징병제를 국민개병주의_{國民皆兵主義, The principle of citizen-soldier}를 원칙으로 한 징병제라고 설명하는 바, 이는 국민총동원령의 다른 표현에 불과하다. 국민총동원령이 "국민 모두가 대규모로 동원되어야 한다"_{Levée-en-masse principle}라는 원칙하에 공포되었기 때문이다. 엄밀히 말하면 이는 평시가 아니라 전시 상황에 입각한 동원 체제였다.[2]

프로이센에서도 프랑스군의 승리를 본 빌헬름 2세가 1814년에 전면적 징병제를 도입한다. 이후 18세기 말부터 19세기를 거쳐 징병제는 근대적 국가 형성기에 있는 국가들에 빠르게 확산되었다. 특히 1870년 보불전쟁(普佛戰爭, 독일통일의 출현을 두고 프로이센과 프랑스가 충돌한 전쟁)에서 프로이센군이 승리하자 2~3년간의 병 의무복무를 마치고 예비군으로 편성되어 다시 일정 기간 병역의무를 부과하는 형식의 징병제가 근대 국가의 병역 모델로 제도화된다.[3]

아시아에서는 일본이 프랑스 군사고문단의 도움으로 군비 및 군제를 정비하면서 서양의 징병제 개념을 도입하였다. 일본은 1873년 징병령을 공포하고, 1880년경부터는 3년간 병 의무복무 후 예비군으로 병역을 이행하는 형태로 병역제도를 정착시킨다.[4]

이처럼 근대 국가 형성기에 징병제가 신속히 확산된 이유는 두 가지 측면에서 설명할 수 있다. 한편으로는 근대 국가 형성기에 국가 형성과 전시 동원이 거의 동시에 발생했기 때문에, 전시 동원을 위한 병역제도로 바로 정착된다. 평상시 상비군이 작은 국가도 전쟁 기간 중에는 사상자 때문에 대규모의 병력 충원이 불가피하다. 대규모 병력 동원을 쉽게 하려면 국민에게 보편적인 기준의 징집 원칙을 적용해야 한다. 즉 "국민國民 된 남성은 모두 병역의 의무가 있다"는 일반적이면서도 보편적인 국민개병주의 원칙이 그것이다. 다른 한편으로 근대 국가 형성기 징병의 과정은 지켜야 할 영토와 국민이라는 '국가' 개념을 공고히 하는 과정이기도 했다.

20세기에 들어서고 나서 제1차, 2차 세계대전을 거치는 동안에도 각국은 전쟁을 치르기 위해 징병제를 계속 운용하였다. 세계대전이 끝난 다음에도 각국은 징병제를 상당 기간 유지해오다가 개별 국가의 안보 상황이나 여타 정책 변동 요인에 따라 모병제로 전환하고 있다.

이제 국가별로 속도의 차이는 있지만 선진국 대부분은 지원에 의한 모병제로 전환을 완료하였다. 냉전 기간 동안 영국(1960년), 룩셈부르크(1967년), 미국(1973년)이 먼저 징병제를 폐지하고 모병제로 전환하였다. 1989년 소비에트 연방의 해체로 촉발된 냉전 종식 이후, 모병제로의 전환은 비교적 서서히 진행되다가 2000년대 들어 전환 추세가 가속화된다. 현재 유럽 대부분의 국가는 모병제로의 전환을 완료하였다. 스웨덴은 최근까지 징병제를 유지하다가 2014년 모병제로 전환을 완료하였다. 〈서울신문〉 기사(2018.9.26.)에 따르면, 경제협력개발기구OECD 34개국 중 징병제 유지 국가는 우리나라를 비롯해 터키, 이스라엘, 멕시코, 그리스, 오스트리아, 덴마크, 노르웨이, 핀란드, 에스토니아 등 10개국 정도이다.[5]

병역제도를 이해하는 이론적 틀은 크게 전통적 접근, 정책과정론적 접근 그리고 정치·경제학적 접근 이렇게 세 가지로 볼 수 있다. 이 책에서는 전통적 접근과 새로운 정책과정론을 중심으로 각각 제4장과 제5장에서 소개하고자 한다. 정치·경제학적 접근은 병역제도를 비용, 효과 등 경제학적 관점에서 분석하는 방식이다. 미국에서 병역제도 개선과 모병제 전환 가능성을 검토할 때 주로 활용된 방법이다. 다만 그 내용이 매우 전문적이고 일반인에게 다소 어려울 수 있어 이 책에서는 다루지 않기로 한다.

2
전통적 병역제도의 유형

세계 각국은 역사적 배경, 경제·사회적 여건, 안보 환경과 경제·사회적 여건에 차이가 있기 때문에 나라의 실정에 맞게 병역제도를 운용하고 있다. 구체적으로는 한 국가가 처한 지정학적 여건, 주요 안보위협 요인, 주변국의 성향 및 군사력, 군대 및 안보에 대한 국민의 인식, 경제·사회적 여건, 역사적 배경 등에 따라 병역제도도 달리 결정된다.

전통적으로 병역제도는 크게 병력 충원에 법적 강제성이 있느냐 유무에 따라 의무병제와 지원병제로 나누어진다. 일반적으로 통용되고 있는 전통적 병역제도의 유형 분류는 다음과 같다.

개인의 의사에 무관하게 국가가 강제로 징집하는 제도를 의무병제도 Conscription System 라고 하고 그 하위 유형으로 징병제와 민병제가 있다. 개인의 지원에 의한 병역제도를 지원병제도 Volunteer System 라고 하고 그

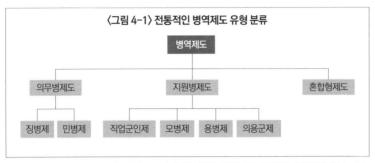

〈그림 4-1〉 전통적인 병역제도 유형 분류

병역제도

의무병제도 　 지원병제도 　 혼합형제도

징병제 　 민병제 　 직업군인제 　 모병제 　 용병제 　 의용군제

* 자료: 나태종, 《군제 기본원리와 한국의 병역제도》, 충남대학교출판문화원, 2012, p172.

하위 유형으로 직업군인제, 모병제, 용병제가 있다. 그리고 의무병제
와 지원병제를 적절히 혼합한 유형을 혼합형제도라고 설명하고 있다.
여기서 의무병제-징병제, 지원병제-모병제는 각각 상위-하위 개념
으로 구성되어 있다.

1 　　　　　　　　　　　　　　　　　　　　　　　　　　 징병제/의무병제

징병제 혹은 의무병제는 국민 모두가 국가를 방위해야 한다는 관념
아래 개인의 의사와 상관없이 국민 누구에게나 일정 기간 병역에 복
무할 의무를 부과하는 제도이다. 이러한 원칙을 국민개병주의 원칙이
라고 한다. 흔히 의무병제는 징병제와 같은 의미로 사용되나 평시 상
비군 중심 병력 운영 체제인지, 전시 동원 중심 병력 운영 체제인지에
따라 징병제와 민병제로 구분한다.

정주성 등에 의하면, 병역제도는 평상시에 국토방위에 필요한 인원을 국가가 강제로 징집하여 일정 기간을 현역 군인으로 복무하게 하고, 전역한 후에도 일정 기간 예비역으로 확보하여 전쟁이나 유사시에 소집하여 활용하는 제도이다.[6] 세부적으로 평시 상비군 중심 병력 운영 체제를 협의의 징병제라고 하며, 전시 동원 중심 병력 운영 체제를 민병제라고 구분한다.

가. 징병제

징병제 Conscription System 란 평시에 국토방위에 필요한 자원을 국가가 강제로 징집하여 일정 기간을 현역으로 복무하게 하고, 전역 이후에도 일정 기간 예비역으로 확보하여 전쟁 또는 국가비상사태 시에 동원하는 제도이다. 징병 Conscript 란 용어는 '일반 시민을 병적 兵籍 명단에 등록한다'는 뜻에서 연유한다. 여기서 병적 명단에 등록된 시민의 숫자는 많고 군대의 규모가 작을 때 병역자원 수급의 불균형 문제가 생기며, 그 반대로 시민의 숫자는 줄어드는데 군대 규모가 여전히 클 때도 문제가 생기는 근본적 한계를 지니고 있다.[7] 징병제는 분쟁 위협이 상존하는 국가, 역사적으로 주변국과의 침략을 많이 받은 국가, 주변국과의 관계로 상시 전투준비태세를 유지해야 하는 국가, 구 공산권·사회주의 국가들에서 주로 채택하는 것으로 알려져 있다. 2018년 현재 한국을 비롯하여 북한, 이스라엘, 싱가포르, 베트남, 터키 등이 대표적으로 징병제를 유지하고 있다.[8]

국민개병주의란 18세기 말 이래 나폴레옹이 대규모 상비군을 유지하기 위해 프랑스 군대에 새로 도입한 병력 충원 방식이다. 이전에는 군대가 용병이나 소수의 장교 중심 직업군인제를 바탕으로 운용되어 왔으나 나폴레옹은 대규모 병력 동원에 의한 전쟁 방식을 도입하여 유럽의 전쟁 양상을 바꿔놓았다. 대규모로 병력을 동원하기 위해서 지원이나 계약 관계에 의존하던 기존 방식에서 탈피하여 "국민(주로 남자)이면 누구나 병역의 의무를 다해야 한다"는 논리를 설파하였다. 징병제로 대규모 상비군을 확보한 나폴레옹 군은 당시 유럽 전역에서 가공할 군사력을 자랑하며 잇따른 전쟁에서 승리를 거두었다. 곧이어 프랑스 군대의 징병제는 유럽 전역에 확산된다.

한편, 병역제도의 정치·경제학적 분석을 해온 국방대학교 이상목 교수는 징병제 중에서도 병역의무 대상자가 모두 징집되느냐 여부에 따라 전면 징병제와 부분 징집제로 나누어 설명한 바 있다. 전면 징병제(완전징병제)는 병역대상자 전원이 현역으로 징집되는 것이고, 부분 징집제는 군 수요에 맞게 일부만 징집하는 것이다.[9]

나. 민병제

민병제 Militia system 는 평상시에는 전 국민(남성)이 본인의 생업에 종사하면서 매년 일정 기간 군사교육 훈련을 통해 전술을 연마하고, 전쟁이나 유사시에 동원되어 전시 체제로 편성, 운용하는 제도이다. 이런 경우에도 군 간부는 평시에도 전문 직업군인으로 근무한다. 민병제는 스위스나 스웨덴처럼 인구 규모가 작은 국가에서 운용하고 있다. 이는 이들 나라가 현실적으로 전면적 징병을 하기에는 인구 규모가 워낙 작아 상비군을 유지하는 데 부담이 크기 때문이다. 민병제는 평시에 유지해야 하는 상비군의 수를 최소화함으로써 비용을 절감하고, 국민의 생활·직업·학업상 자유에 대한 부담을 최소화할 수 있다. 그러나 평상시에 긴급 동원훈련이 충분히 되어 있지 않으면 갑작스러운 적의 침입에 바로 대응하기 곤란하다는 단점이 있다.

일반적으로 의무병제에서 징병제의 다른 유형으로 설명되고 있는 민병제는 사실 징병제의 다른 유형이라기보다 징병제 운영의 다른 형태로 봄이 타당하다. 한국처럼 징병제로 사병을 징집한 후 수개월에서 수년간 상비군에 복무하게 하는 유형이 있고, 스위스처럼 기초 군사훈련 기간만 같이 훈련받고 나머지 기간은 장기간에 걸쳐 몇 주 또는 몇 개월씩 동원, 소집하는 형식으로 복무하게 하는 유형이 있다. 한국은 만성적인 안보 위협에 직면해 있기 때문에 평시 상비군 운영이 중심이고, 스위스는 평시 위협이 크지 않기 때문에 유사시 적의 침입에 대비한 동원 소집훈련을 중심으로 징병제를 운용하고 있다.

모병제 혹은 지원병제_{Volunteer System}는 징병제와 달리 국가와 개인의 계약관계에 의해 병역에 복무하는 제도이다. 지원병 제도하에서 병역 복무는 다양한 직업 중에 군인이라는 직업을 선택하는 것이므로 병역은 기본적으로 직업의 성격을 갖는다고 볼 수 있다. 민진이 쓴《국방행정관리론》(2018)에 따르면 모병제는 전쟁 발발의 가능성이 비교적 없는 나라에서 채택되고 있으며 역사적으로는 지원병제도와 의무병제도가 병행되거나, 징병제도가 해이해졌을 때 모병제를 실시하였다고 설명한다. 지원병제는 다시 지원 동기, 복무 성격에 따라 일반적으로 직업군인제, 모병제, 용병제로 나누어진다.

가. 모병제

모병제는 개인의 자유로운 의사에 따라 군 복무를 선택하는 제도로서 흔히 지원병제와 모병제는 같은 의미로 통용된다. 지원에 의한 것이므로 대부분 처음부터 본인의 전공 분야나 희망에 맞게 병과를 선택하게 된다.

　모병제하에서는 단기 복무병사도 개인의 의사에 따른 계약 관계의 형태로 군인 직업을 택한 것이기 때문에 직업군인의 하위 유형에 해당한다. 사실 모병제하에서는 병이든 간부든 모두 직업군인이 되는 것이므로 어느 개념이 더 상위 개념인지는 중요하지 않다. 한자어상

'모병제'에서 '병'을 간부와 대비되는 병사로 한정해서 보면 모병제는 병을 지원에 의해 충원하는 제도로 좁게 해석할 수 있다. 즉, 지원제라는 상위 개념 아래에 모병제와 직업군인제라는 두 개의 하위 개념이 있는 셈이다. 모병제는 병 충원, 직업군인제는 간부 충원 이렇게 구분된다. 반면, '모병제'의 '병'을 군인이라는 일반적 용어로 보면 이는 지원에 의해 군인을 충원하는 선발제도를 총칭하는 것으로 이해하면 되겠다.

모병제와 직업군인제의 차이에 대해 "모병제는 명예로운 높은 지위에 올라갈 수 있는 기회 등 군인의 길에 생애를 마칠 만한 조치가 마련되어 있지 않다는 점에서 직업군인제와 다르다"고 설명하기도 한다.[10] 그러나 모병제와 직업군인제의 차이를 '명예로운 높은 지위에 올라갈 수 있는 기회' 혹은 '간부로 갈 수 있는 기회' 유무로 보는 것은 다시 생각해볼 필요가 있다. 모병제와 직업군인제는 둘 다 군인을 대상으로 하고, 개인의 자유의사에 의한 지원을 충원 방법으로 하고, 적정한 월급을 준다는 점에서 직업성이 보장되므로 똑같은 직업군인이다.

또한 전통적 설명에서처럼 충성심에만 의존하여 군을 운용하는 것이 가능하다면 모병제 자체가 있을 필요가 없다. 충성심에 호소하여 간부급 직업군인과 사병을 모두 징병제로 충원하면 되기 때문이다. 우리 역사에서는 직업군인이 아니면서 충성심에 따라 자발적으로 봉기한 '의병' 사례가 있다. 의병들이 충성심에 근거하고 돈을 받지 않였다고 해서 반대로 직업군인들이 충성심이 없고 돈을 목적으로만 활동하는 것은 아니다. 이런 점에서 금전적 동기는 용병제뿐만 아니라 모병제와 직업군인제의 중요한 요소임을 부인하기 어렵다. 오히려 '금전적 동기'에 의한 군인을 용병으로 설명하는 전통적 입장은 직업군인들에 대한 정당한 보상과 처우 개선을 더 어렵게 하고, 군인들의 헌신과 희생을 폄하시킬 우려가 크다.

미국에서도 병역제도 개선 논의 과정에서 용병의 개념에 대한 논란이 있었다. 병역제도 개선 검토 끝에 최종적으로 모병제 도입을 권고하는 〈게이트 보고서〉(1970)에서는 모병제로 전환하게 되면 용병이 되는 게 아니냐는 비판에 대해 "용병Mercenary 이란 보통 다른 나라를 위해 돈 받고 군에 가는 사람을 의미할 뿐 그 이상도 이하도 아닙니다. 우리 시민들이 우리나라를 위해 돈을 받고 군에 복무하는 것을 용병이라고 부를 사람은 없을 것입니다"라고 정리한 바 있다.

나. 직업군인제

직업군인제는 군인을 직업으로 삼기 원하는 국민을 대상으로 국민에게 균등한 기회를 부여하고, 선발된 개인에 대해서는 직업군인으로서의 신분 보장을 해주고, 적합한 보수를 지급하는 제도이다. 우리나라, 미국을 비롯하여 오늘날 대부분의 국가가 직업군인제를 운용하고 있다. 군대라는 조직을 운영하는 현대 국가에서는 군인도 엄연한 정규 직업인으로서 선발하는 것이 당연하다.

이러한 직업군인제를 전통적 병역제도 이론에서 모병제의 하위 유형으로 설명하는 것은 다시 살펴볼 필요가 있다. 병역제도를 크게 의무병제와 지원병제로 구분하는 것은 군인 집단 중 하위 구성원인 병 선발을 자원에 의할 것이냐 강제로 징집할 것이냐에 따르는 것이다. 상비군 체제를 택하고 있는 근대 국가 이후 세계 어느 나라에서도 항시 근무해야 하는 군 간부를 의무병제로 채용한 사례는 찾기 어렵다.

간부란 직업군인으로서 보통 장교 집단을 지칭한다. 장교 집단은 직업적 장기 복무를 목표로 임관하여 지휘관 교육을 받고 고도의 군사적 전문성을 지닌 집단이다. 어느 나라나 간부급에 해당하는 장교와 항시 군대를 운영·유지해야 하는 인력은 지원에 의한 직업군인으로 채용해왔다. 과거 프랑스나 프로이센의 징병제하에서 대부분의 남성들이 의무로 병 복무를 하였지만 이때에도 전문 직업군으로서의 장교집단은 별도로 구분되어 있었다. 이는 징병제를 택하는 한국이나, 민병제를 택하는 스위스나, 지원병제를 택하는 미국이나 똑같다.

앞서 전통적 설명을 도식화한 〈그림 4-1〉(90쪽)에서 '직업군인제'는 간부 충원을 일컫는 것으로 어느 나라든 간부는 지원에 의한 직업으로 충원하는 것이 일반적이기 때문에 병 집단을 충원하는 제도인 병역제도의 한 유형으로 구분하는 방식은 지양할 필요가 있다. 엄밀히 말해 병역제도는 병 집단을 충원하는 제도에 국한하여 설명하는 것이 타당하다고 하면, 병역제도의 유형 구분에는 징병제와 모병제라는 두 가지 형태만 남기는 것이 합리적일 것이다.

다. 용병제

용병제는 일정한 급여와 복무연한을 계약하고 금전 획득을 목적으로 군인을 고용하는 제도이다. 용병제와 모병제를 금전적 동기와 인종 차이로 설명하는 경우가 많다.[11] 먼저 목적 면에서 모병제는 근본적으로 국민의 애국심을 동기로 하는 반면 용병제는 금전적 획득을 목적으로 한다고 설명한다. 둘째, 인종 특징 면에서 용병제는 자국 국민뿐만 아니라 외국인 용병도 고용한다. 이병철은 《현대 행정학 이해》(1996)에서 고대 로마가 국가 안보를 외국인 용병으로 구성된 군에 의존하였고 그 결과 서로마가 476년 게르만 용병대장 오도아케르 Odoacer 에 의해 멸망되었다고 설명하고 있다. 현대사회에서는 바티칸에서 스위스 국적의 용병을 고용하고, 중동 일부 국가에서 외국 국적의 용병을 고용하여 왕실 경호나 특수 임무를 맡긴다고 한다. 따라서 지금도 용병제라는 형태가 존재하는 것은 분명하다.

그러나 '충성심', '국적 및 인종', '금전적 동기' 등을 기준으로 하는 전통적 설명 방식은 변화하는 사회 환경에서 적지 않은 문제점을 내포하고 있다. 첫째, 충성심을 기준으로 모병제와 용병제를 구분하는 것도 문제가 있다. 전통적 설명에서 흔히 모병제는 충성심과 시민적 의식을 동기로, 용병제는 금전을 동기로 한다고 설명하고 있다. 그렇다면 모병제와 직업군인제로 채용된 수많은 군인에게 주는 월급과 금전적 보상은 무엇으로 설명해야 할 것인가? 지원에 의해 선택한 직업으로서의 군인은 병이든 간부든 계급에 관계없이 그에 합당한 보수를 주어야 하고 실제로 그렇게 하고 있다. 금전은 노동에 대한 정당한 대가이고 당연한 보수이다. 현대사회의 군에서는 능력에 따른 성과 보상과 인센티브가 필수적이다. 합당한 보수 없이 충성심에 의존하여 모병을 할 수 있다는 생각만으로는 현대사회에서 다양한 개인으로 충원하는 군 조직을 효율적으로 운용하기 어렵고, 최적의 전투력에 부합하는 동기부여도 기대하기 어렵다.

둘째, 지원병제의 하위 유형으로서 용병제는 인종 및 국적 차이에 의해 구분되어 왔으나, 세계적인 이민의 증가, 시민권과 영주권제도의 융합, 직업군인의 보수 상승 등의 추세에 비추어볼 때 신중하게 재고할 필요가 있다. 일례로 미국에서는 시민권이 없어 아직 미국 국민이 아닌 영주권자에게 군 복무의 기회를 주고, 군 복무 계약 기간이 만료되면 시민권 획득을 쉽게 해주고 있다. 한국에서도 다문화 가정의 급증으로 우리 「병역법」에서는 한국 국적의 혼혈인인 병에게 병역의무를 부과하고 있다. 이들은 피부색만 다를 뿐 한국에서 자라났고 한국말을 쓰는 한국인이기 때문이다. 해마다 인종적으로는 혼혈이면서 대한민국 국민인 병사의 군 입대가 늘고 있다. 그렇다면 이들은 인종적으로 순수 한국인과 다르다는 이유로 용병으로 봐야 할 것인가? 다문화 가정의 사회적 대통합과 군의 내적 통합을 위해서도 기존의 인종 또는 금전적 동기에 기반을 둔 '용병제' 설명은 이제 지양할 때가 되었다. 요약하자면 용병은 국적의 차이에 근거해 다른 나라의 군대에 고용되어 근무하는 군인 정도로 이해함이 타당하다.

3

전통적 병역제도의
장단점과 비판적 재고

─────

1   **전통적 병역제도의 장단점 비교**

지금까지 병역제도를 강제성 유무에 따라 의무병제와 지원병제로 나
누고 각 제도의 내용과 채택 국가에 대해 설명하였다. 징병제와 모병
제의 장단점에 대해 학자들은 일반적으로 다음과 같이 설명한다.

먼저 징병제는 국민개병주의의 실현으로 병역의무의 존엄성이 보
장되고 우수한 병역자원 획득이 용이하며, 군의 단결과 지휘·통솔이
용이하고 방대한 정예 상비군을 육성하여 유사시에 즉각 전력화할
수 있는 장점이 있다. 반면 징집부터 자원 배분까지 선병 과정(병무 행
정)이 복잡하고 국민의 부담이 과중하며 병역자원 대 수급의 불균형
에 따른 형평성을 보장하기 어려운 단점이 있다. 특히 징병제는 국민
에게 부과하는 적극적 인적 부담이란 점에서 모두가 공평하게 받아야

한다는 형평성에 대한 요구는 점점 강해지는 반면, 병역자원의 수급 불균형에 따른 정책 유연성이 동시에 요구된다는 점에서 정책 부담이 더 커지게 된다.

이에 반해 모병제는 개인의 자유의사에 근거함으로써 강제적 병역 의무 이행에 따른 국민 부담이 경감되고, 특수 장비나 기술 요원 등 우수 자질자의 확보가 용이하다는 장점이 있다. 그러나 모병제에서는 필요한 인적자원의 적시 충원을 보장하기 어렵고, 사회적으로 반드시 우수한 자원이 군에 지원한다는 보장이 없다. 이 경우 상대적으로 열악한 직업인 군대에 사회에서 덜 우수한 자원들이 지원할 수 있다는 우려가 생긴다.

이외에도 징병제와 모병제의 장단점은 윤리적 측면, 행정 가치적 측면, 사회·경제적 비용 측면, 군사전략적 측면 등 다양한 측면에서 논의될 수 있다. 그러나 앞서 설명에서 유추할 수 있듯이 서로의 장점이 서로의 단점이 되는 형태라 상세한 설명은 생략하고자 한다. 다만, 지극히 현실적 측면에서 군 인력의 수급 관점에서 보면 장단점 주장이 팽팽하다. 군 인력 수급 측면에서 징병제는 평상시 안정적 규모로 군대를 유지하기 용이하고, 유사시에 신속하게 대규모의 군인을 강제로 동원할 수 있다. 다른 한편으로는 강제력에 근간한 징병제의 인력 수급이 과잉 인력 활용이라는 인적자원 배분의 비효율성을 초래하기도 한다. 이상목 국방대 교수는 "징병제하에서는 군의 임금과 자본재 사용 가격 사이에 요소 상대 가격의 왜곡 현상이 불가피하게 나타나고, 이는 국가 안보라는 서비스 생산에 있어 자본재보다 인력을 상대적으로 많이 투입하는 현상으로 표출된다. 결국 필요 이상의 인력이 징집되고 투자는 상대적으로 적게 될 수밖에 없는 군 인력의 과잉현상Military Overmanning 이 나타난다"고 지적한 바 있다.[12] 안보 위협이 항존하는 상황에서 일정 규모의 군을 안정적으로 유지해야 하는 측면과 여러 상황 변동에 따라 유연하게 변화해야 하는 측면 사이에서 균형이 필요하다.

2   비판적 재고

한편 전통적 병역제도 이론에서는 지원병제도라는 상위개념 아래 모병제와 직업군인제를 하위 유형으로 구분해 설명하고 있다. 이러한 설명이 분석 수준상의 오해와 개념상 혼돈을 초래할 수 있음은 앞에서도 말한 바 있다. 두 제도 모두 근본적으로 "자발적인 직업군인을 충원하는 지원제도"라는 하나의 같은 제도로 봄이 타당하다. 모병제와 직업군인제에서 설명하고 있는 내용의 차이는 그 제도 자체가 아니라 두 제도가 충원 대상으로 하는 군인의 차이에 있다. '직업군인제'는 보통 군 간부급장교, Officers 을 대상으로 선발하는 제도를 지칭하고 '모병제'는 보통 병Soldiers 을 대상으로 선발하는 제도를 지칭한다.

개념상의 혼돈을 막고 이해를 돕기 위해 직업군인제를 군 간부 채용 방법으로 명확히 하고 병역제도의 하위 유형에서 제외하면 어떨까. 병역제도의 논의 대상은 간부가 아닌 병으로 한정하는 것이 더 실용적일 수 있다. 병역제도를 병 집단을 충원하는 방법으로 정의하고 하위 유형에 '징병제'와 '모병제'로 구분하면 된다. 김병조 교수를 비롯하여 김주찬, 이건재 등도 비슷한 제안을 하였다.[13] 장교 집단은 전문 직업군인이고, 병은 단기 복무 군인이다. 장교 집단은 어느 나라든 어느 시대든 직업군인으로서 적정 보수를 주고 채용해 상비군의 중심 집단으로 운영하고 있기 때문이다.

요약하면, 병역제도를 징병제와 모병제로 구분하는 것은 대부분의 학자들이나 국방정책서, 군사학 분야에서 일반적으로 서술되는 분류 방법이다. 이러한 분류는 각 병역제도의 특징을 간명히 설명해주는 장점이 있다. 동시에 징병제와 모병제의 장단점을 부각시키고, 제도 개선 시 두 가지 제도 중 하나를 선택하는 문제로 단순화시킬 우려가 있다.

그러나 병역제도가 군 조직 구조의 근간을 이루며, 국가의 가장 기본적인 제도로서 안보 문제와 직결된다는 점에서 어떤 제도를 한순간에 폐지하고 다른 제도를 선택하는 것은 쉽지 않다. 병역제도를 징병제냐 모병제냐 하는 이분법이 아니라 정도의 문제, 변화 과정상의 문제로 볼 필요가 있다. 이런 점에서 다음 장에 소개하는 정책과정론적 접근을 주목할 필요가 있다.

병역제도를 보는
새로운 시각:
정책과정론적 접근

세계 각국의 병역제도가 변해온 역사를 보면 특정 시점에 어느 나라도 완전히 징병제이거나 완전히 모병제인 경우는 찾기 어렵다. 실제로 세계 각국의 역사는 징병제와 모병제가 대립된 관점에서 선택되었다기보다 징병제에서 모병제로 변화해왔음을 일관되게 보여주고 있다. 나라별로 아직 징병제를 유지하는 경우가 있고, 모병제 전환 중간 단계에 있는 경우도 있고, 전환 마지막 단계에 있는 경우도 있다. 이런 점에서 징병제와 모병제를 대립되는 개념이 아니라 병역제도라는 하나의 스펙트럼 위에 위치한 연속적 제도로 보는 정책과정론적 접근에 주목할 필요가 있다.

정책과정으로서의 병역제도

병역제도의 정책과정론적 접근방법은 유럽과 선진국에서 병역제도가 실제로 변동한 과정을 분석한 데서 얻은 귀납법적 추론의 결과물이다. 냉전 시기와 냉전 이후 시기를 통틀어 실제로 병역제도가 어떻게 변화해왔는지를 설명한다.

정책과정론적 접근은 켈러허 M. Kelleher 가 《1970년대 유럽의 군대 문제》(1978)에서 병역제도 분석을 하며 처음 시도하였다.[14] 켈러허를 중심으로 한 학자들은 냉전 시기에도 국가별로 병역제도 운용 형태가 조금씩 다르고, 같은 징병제 안에서도 장시간에 걸쳐 변화해왔다는 점에 주목하였다. 징병제냐 모병제냐는 이분법적 기준으로는 어느 나라의 병역제도도 제대로 설명할 수 없었다. 또한 원래 징병제였던 국가들에서도 병역제도가 국가별로, 시기별로 달리 변화하였다. 켈러허 박사는 국가별 비교·분석을 통해 장차 유럽의 징병제도는 모병제의 요소들을 도입하여 변화할 것이라고 예측하였다.

1980년대 동안 외형상으로는 유럽의 병역제도에 큰 변화가 없는 것 같이 보였다. 그러나 냉전 종식 이후 유럽의 병역제도가 켈러허의 예측대로 변화하였다. 이를 계기로 한동안 실증적 연구가 거의 없다가 1990년대 이후 병역제도 변동 연구를 활발히 진행하게 된다. 특히 스위스 취리히 연방공대 교수였던 홀티너[K. Haltiner]는《유럽지역 대규모 군대의 쇠퇴》(1998)에서 냉전 종식 이후 유럽 각국에서 관찰된 병역제도 변동 과정에 주목하였다. 홀티너는 켈러허의 연구방법론을 토대로 실증자료 데이터를 비교하면서 병역제도 분석틀을 발전시켰다. 그는 의무병 비율과 강제성의 정도에 따라 각국의 병역제도를 구분하는 새로운 분류 방법을 제안하였다.

현 시점에서 국가 간 병역제도 비교를 함에 있어 단순히 징병제냐 모병제냐 하는 이분법적 구분은 이론적 간명함을 확보할 수는 있어도 실제 변동 사례를 역동적으로 설명하기에는 한계가 있다. 새로운 접근 방법은 병역제도의 시간적 변동 과정을 설명하고, 또한 각국의 병역제도를 하나의 스펙트럼 위에서 정도의 차이로 비교하는 틀을 제공할 수 있다.

② 병역제도 구분 기준

---

1   **의무병 비율**

홀티너 교수는 군 구조의 변화에 대해 경제 측면, 인구 측면, 외교·안보 전략 등의 영향을 받는다고 전제하고, 유럽 각국의 군 조직 구조 및 충원 방식 변화를 분석하였다. 여기서 특히 군 구조 변화는 병력 충원 방식에 있어서의 변화로 보고, 군 구조 변화를 판단하는 주요 지표로 총인구 대비 군 복무 비율(MPR, Military Participation Ratio), 병역 대상 연령대 인구 중 군 복무 비율(MPR of the Military Age Cohorts), 군에서 의무병사가 차지하는 비율인 의무병 비율(CR, Conscript Ratio) 등을 선정하였다.[15] 이 외에도 추가적으로 기술군 척도로서 공군의 의무병 구성비, 총병력 중 육군 비율, 여군 비율, GDP, 동맹의 수, 평화지원 활동과 같은 해외파병 등을 제시하였다.

이중 대표적 지표인 의무병 비율과 군 복무율을 설명하면 다음과 같다. 먼저 의무병 비율은 현역 군인 중 징병제로 강제 충원된 병사의 비율을 의미하며, 〈(의무병/현역군인)×100)〉으로 계산한다. 홀티너 교수는 여러 연구에서 병역제도를 의무병 비율(현역 군인 중 징병제로 충원되는 단기 복무병사의 비율) 혹은 징집병 비율을 기준으로 각국의 병역제도를 분석하였다.

병역제도를 구분하는 기준으로 의무병 비율을 사용한 이유는 어느 국가이건 군대는 장기 복무하는 장교 중심의 전문 직업군인과 단기 복무하는 병사 집단으로 구성된다는 점에 착안한 것이다. 어느 나라건 평상시 상비군을 유지함에 있어 장교 집단은 전문 직업군인으로 채용한다. 병역제도의 적용 대상은 단기 복무병(혹은 병/부사관)에 한정하는 것이 맞으며 병을 지원에 의해 충원하는지, 강제 징집으로 충원하는지 그 비율 정도로 구분하는 것이 합리적이다.

상비군에서 단기 복무 의무병의 비율이 높을수록 장기 복무 직업군인 집단은 상대적으로 적고, 이는 전문 기술군 속성이 그만큼 약함을 반증한다. 국방대학교 김병조 교수도 홀티너의 분석틀을 참조하여 의미 있는 연구를 한 바 있다. 의무병 비율이 높을수록 국민개병주의 원칙에 보다 충실한 반면, 기술군적 특성은 낮은 특성을 보인다. 반대로 의무병 비율이 낮은 국가일수록 형평성은 감소하는 반면, 모병제로 전환하는 데 보다 용이한 제도적 기반을 갖춘 것으로 평가한 바 있다.[16]

한편 군 복무율은 병역가용자원 대비 군 복무자 비율을 의미한다. 병역 대상 연령 집단의 군 복무 비율(MPRMAC, Military Participation Ratio of the Military Age Cohorts: (징집대상 병역자원)×100)은 특정 연령 집단에서 현역으로 군 복무를 하는 비율이다. 이때 특정 병역자원 집단을 어느 기준으로 할 것인가는 나라마다 다르고, 연구 목적에 따라 달리 설정하기도 한다.

군 복무율은 병역제도하에서 병역의무가 어느 정도로 균등하게 분담되고 있는지 알 수 있는 지표이다. 즉 병역의무 대상자 중 어느 정도가 실제로 군 복무를 하는가 하는 것으로 징병제하 병역의무 이행의 형평성을 가늠하는 척도로 기능한다. 또한 군 복무비율이 높을수록 병역제도의 형평성은 높아지는 반면, 국민의 병역 이행에 대한 부담감도 그만큼 높아진다. 홀티너가 제시한 지표들은 동일한 통계지표를 기준으로 한국의 병역제도가 어떤 상태인지 동일 기준으로 비교할 수 있는 도구 역할을 한다.

병역제도의 분류

홀티너는 앞에서 설명한 병역제도 분류 기준 중 대표적으로 의무병 비율에 따라 병역제도를 다음 네 가지 유형으로 분류하였다. 경성징병제Hard Core Conscript Forces: Type III, 연성징병제Soft Core Conscript Forces: Type II, 유사징병제Pseudo Conscript Forces: Type I, 그리고 완전모병제Zero-Draft: Type 0 이다. 〈표 5-1〉은 홀티너의 병역제도 분류 방법에 따라 유럽 각국의 병역제도를 새로 분류해본 것이다.

먼저 〈Type III: 경성징병제〉는 군에서 의무병 구성 비율(이하 의무병 비율)이 3분의 2, 즉 67% 이상인 경우를 일컫는다. 유럽에서는 터키, 그리스, 핀란드 등이 여기에 속한다. 이들 국가는 동일 연령 병역자원 중 의무병력 규모가 상대적으로 높고, 국민의 병역 인식도 높아 징병제가 비교적 오래 유지되고 있다. 홀티너의 기준을 적용할 때, 한국과 북한은 전형적인 〈Type III〉 경성징병제에 해당한다.

<표 5-1> 유럽 국가의 병역제도 분류

(2019년 기준)

〈Type III〉 경성징병제	〈Type II〉 연성징병제	〈Type I〉 유사징병제	〈Type 0〉 완전모병제
의무병 비율 67% 이상	의무병 비율 50~66%	의무병 비율 50% 미만	의무병 비율 0%
터키	불가리아	오스트리아	영국
핀란드	크로아티아	라트비아	아이슬란드
그리스	에스토니아	리투아니아	룩셈부르크
스위스	폴란드	노르웨이	벨기에 (1992)
	로마니아	세르비아	네덜란드 (1996)
		러시아	프랑스 (2003)
			포르투갈 (2004)
			헝가리 (2004)
			슬로베니아 (2004)
			이탈리아 (2005)
			스페인 (2005)
			체코 (2005)
			슬로바키아 (2006)
			덴마크 (2006)
			스웨덴 (2010)
			독일 (2011)

* 자료: 홀티너 〈유럽에서 대군大軍과 징병제의 쇠퇴〉(2006: 12)의 분류 방법을 기초로 최근 각국의 병역제도 변화를 반영하여 재작성(김신숙, 박형준, 〈병역 대체복무제도의 변동 과정 고찰과 변화 요인 분석〉(2016: 88))
* 완전모병제 국가의 (괄호)연도 표시는 국가별로 의무병 비율이 0% 수준으로 전환을 완료한 시기를 의미함

〈Type II: 연성징병제〉는 아주 고착된 징병제는 아니지만, 여전히 징병제 속성이 강한 징병제 국가로서 의무병 비율이 50~66% 사이에 해당하는 국가이다. 불가리아, 폴란드 등이 이 카테고리에 해당한다.

〈Type I: 유사징병제〉는 현역 군인 중 징집에 의한 병사의 비율이 50% 미만에 해당하여 완전모병제는 아니어도 상당히 모병제 쪽으로

전환한 경우이다. 즉 법적 형식상 징병제를 유지하고 있지만 사실상 대부분 모병으로 병을 충원하는 경우이다. 주로 징병제에서 모병제로 전환하는 단계에 있는 국가들이 이에 해당한다. 2000년대 중반만 해도 의무병 비율이 50~66%에 달해 연성징병제로 분류되었던 오스트리아와 러시아가 점차 지원에 의한 지원병 비율을 늘려 유사징병제로 전환하고 있음은 주목할 만하다.

마지막으로 〈Type 0: 완전모병제〉는 의무병 비율이 0%인 경우, 즉 완전 지원에 의한 모병제 국가를 말하며, 미국, 영국, 프랑스, 스페인 등이 해당된다. 완전모병제 국가는 대부분 수년 또는 그 이상의 기간 동안 경성징병제 → 연성징병제 → 유사징병제 → 완전모병제로 점차 의무병 비율을 감소시켜 왔다. 대표적으로 스페인, 이탈리아 등은 2000년대 초중반까지 의무병 비율이 50%를 넘는 연성징병제 국가였으나, 지원병의 비율을 늘려 비교적 단기간 내 완전모병제로 전환을 완료하였다. 반면 독일은 통일 직후 50% 수준이었던 의무병 비율이 20여 년 동안 서서히 감소하였다. 독일의 병역제도 전환 과정은 제6장에서 상세히 다룰 것이다.

4

유럽 병역제도의 변천 과정

유럽에서의 병역제도 변동 과정은 대부분의 국가가 안보 위협, 예산 압박, 인구·사회적 변화에 따라 유사한 경로를 보였다. 첫째, 유럽에서는 냉전 종식과 함께 공동의 위협이었던 구소련이 붕괴하면서 공통의 안보 위협이 감소하였다. 공동 위협의 감소와 더불어 유럽 국가들은 공동 상비군으로 북대서양조약기구^{NATO} 군대를 창설함으로써 집단 안보 체제를 유지하는 데 합의하고 동시에 자국의 국방비 지출 감소 및 병력 규모 감축을 진행하였다. 둘째, 경제 위기와 예산상의 압박도 거대한 상비군을 유지하기 어렵게 만들었다. 국방 예산 중에서도 큰 비중을 차지하는 군인 인건비 절감 압력이 외부에서부터 강하게 작용하였다. 마지막으로 사회·경제적 변화도 주요 외부 요인으로 작용하였다. 전반적인 인구 감소와 급격한 고령화는 군에 징집할 병역자원으로서의 청년 수를 감소시켰고, 그 결과 의무적 징집을 예전 수준대로 유지하기 어려워졌다. 인구 감소와 고령화는 사회 전체적으로 노동인구도 감소시켜 사회·경제적 차원에서 노동인구와 군 복무 간 우선순위 논쟁을 확산시켰다.

이러한 안보 위협, 인구, 사회·경제적 변화에 대응하여 주요국 정부와 군은 군 병력과 병역제도에 다양한 정책 변동을 모색하였다. 비용 절감 차원에서 군 병력을 감축하기 시작하자 현역병 수요도 감소하였다. 군 내부적으로는 군 병력 감축, 복무 기간 단축 등을 통해 병역제도와 군 구조를 혁신하는 노력이 뒤따랐다. 밖으로부터의 변화인 인구 감소와 예산 압박에 직면하여 각국은 군 인력 구조에 탄력적 변화를 시도할 수밖에 없었다. 군 규모의 감축은 군 인력 구조 전반에 대한 개혁 요구와 군사전략 및 교육훈련 체계의 변동을 초래했고, 이것이 예상치 않게 병역제도에 영향을 미쳤다.

유럽의 병역제도 변동 과정을 홀티너의 주요 지표로 설명해보자. 각국은 인구·경제·안보 환경의 변화에 직면하여 군 병력을 먼저 감축하였다. 먼저 군 규모는 국방 예산 중 인건비 비중이 높아 예산 감축 압박의 직접적 대상이 되었다. 어느 나라이건 기술군[註]을 지향하기 위해서는 대규모의 지상군 감축은 필수적인 과정으로 등장하였다. 병력 감축에도 불구하고 필요한 전투력을 유지하기 위해 군에서는 이전에 병이 담당하던 분야를 전문 직업군인으로 채우기 시작하였다. 전체 군인 중 의무병사가 차지하는 의무병 비율이 점차 감소하였다. 의무병 비율의 감소는 군대 규모 자체가 줄어든 측면과 현재의 군 규모를 유지하면서 징병 규모를 줄이고 이를 유급 모병지원자나 부사관 등으로 대체하는 측면을 모두 포함한다.

징집되는 청년 인구가 감소하자 동일 연령대 병역의무 대상자 중 군에 가는 군 복무율이 연쇄적으로 감소하였다. 동일 연령 자원의 군 복무율이 계속 떨어지자 형평성 논란으로 연결되었다. 국민 중 군 복무율이 감소하는 것은 수요 측면에서 군 규모 감축이 한 원인이고, 다른 한편 공급 측면에서 군 수요에 비해 잉여 병역자원이 많아졌기 때문이기도 하다. 한 연구에 의하면, 1978년 이래 유럽 국가들의 평균 병역가용자원 대비 군 복무율을 비교·분석한 결과, 냉전의 정점 시기였던 1982~1984년 동안 49%로 가장 높았고, 이후 지속적으로 감소하여 1994년 38%, 1997년 29%, 2003년 24%까지 감소하였다고 한다.[17] 이는 1980년대 대부분의 국가가 징병제를 유지하던 시기에도 동일 연령 병역자원의 절반만 현역으로 군 복무를 했고, 2000년대에는 25% 정도만 군 복무를 했다는 의미이다.

사회 전체적으로 군 복무율의 하락은 한편으론 형평성 논란을 가져왔지만, 다른 한편으로는 지원에 의한 병력 운용의 가능성을 보여주었다. 이것이 모병제 전환 논의를 가속화하였다. 동시에 직업군인 채용 인원이 늘어나고, 이들의 기본 계약 복무 기간이 길어지면서 그 반대급부로 의무병의 복무 기간을 점차 단축할 수 있다. 징병제를 유지한 상태에서 징병제를 개선하고 징집의 사회·경제적 부담을 점차 완화하는 단계적 접근을 취한 것이다. 이런 점 때문에 복무 기간의 단축은 징병제도 개선을 평가하는 시금석으로 볼 수 있다. 이러한 변화가 누적되면서 간부와 병을 통틀어 더 많은 직업군인을 채용할 수 있게 되었다.

결국 '모병제 전환'이라는 최종적인 의사 결정은 이러한 병역제도와 군 구조 혁신 및 병력 감축이 지속적으로 누적된 과정 끝에 도래한 결과물로서의 성격이 강하다.

5

한국 병역제도의 성격

전통적 관점에서 한국은 전형적인 징병제 국가이다. 일정 연령의 남성들에게 병역의무를 부과하고, 신체등급에 따라 군에 입대하도록 함으로써 상비군을 유지하고 있다. 직업군인인 간부들은 자신의 선택에 의해 복무하지만, 이 경우 병역의무를 이행한 것으로 간주하고 있다. 현역 복무의무 종료 후 일정 기간 예비군 동원훈련 참가의무가 있고, 전쟁 등 유사시에는 동원의무도 있다. 그러나 기본적으로 동원훈련이나 예비군제도보다 상비군 징집 형태가 중심이기 때문에 징병제 국가로 보는 것이 타당하다.

정책과정론적 접근에서 보면 한국은 징병제의 성격이 강한 경성징병제로 분류할 수 있다. 의무병 비율과 군 복무율 지표를 활용하여 한국 병역제도의 성격을 알 수 있다.

먼저 군 병력 중 의무병이 차지하는 비율인 의무병 비율은 1960년

대부터 최근까지 70% 수준을 유지해왔다. 이는 연혁적으로 근 50여 년 이상 우리군의 병력 구조 및 군 규모 그리고 의무병사가 차지하는 구성 비율에 거의 변화가 없었기 때문이다. 최근 국방개혁의 일환으로 군 병력이 감축되고 간부 비중이 점증하면서 의무병 비율도 다소 감소하였다. 〈표 2-2〉(48쪽)를 보면, 2018년 총 병력에서 계급별 평균 비중은 간부 35%, 병 65%로서 의무병 비율은 65%에 해당한다. 현역군인 59만 9,000여 명 중 징병제로 충원하는 현역병이 약 39만 1,000명으로 징집의무에 따라 복무하는 단기 복무병 집단의 구성비가 여전히 높은 편이다. 이는 〈표 5-1〉(111쪽) 다른 나라의 병역제도 유형과 비교할 때 경성징병제 혹은 연성징병제에 해당한다. 최근 국방개혁에 따라 군병력을 감축하고 간부의 비율을 조금씩 높인 결과로 볼 수 있다.

동일 연령대의 병역자원 인구 중 군에 복무하는 비율인 군 복무율도 비교적 높은 수준이다. 매년 군에 입대하는 인원은 바로 파악할 수 있지만, 사실 군 복무율을 정확히 파악하기란 매우 어렵다. 군 입대 인원의 비교 대상으로 할 원래의 병역자원들, 즉 모수가 일정하지 않기 때문이다. 군 복무율을 파악하는 다양한 기준과 방법에 대해서는 제8장에서 상술하도록 하겠다.

여기서 대략적으로 한국의 군 복무율을 추산해보면, 〈표 3-2〉(76쪽)상 2017년 병역판정검사자 중 현역(1~3급) 판정자가 약 82%였다. 여기에 대체복무를 하게 되는 4급 보충역 판정자까지 합하면 95%에 해당한다. 이들은 1~2년 내 병역의무를 이행하게 되기 때문에 군 복무율을 82%로 볼 수 있다. 또한 제8장에서 상술하겠지만 〈그림 8-3〉(184쪽)에 의하면, 전년도 병역판정 검사자를 기준으로 하여 한 해 동안 현역(병+간부)으로 입영하는 군 복무율은 2018년 기준 72% 수준이었다. 여기에 전환 복무 및 대체복무 등으로 복무하는 인원을 다 포함하면 93% 수준에 해당한다. 따라서 현역 군 복무율은 약 70~80% 정도이고, 대체복무까지 포함한 병역의무 이행률은 90% 정도로 이해하면 큰 무리가 없을 것이다. 한국군에 있어 50여 년이 넘는 기간 동안 의무병 비율과 군 복무율이 보여주는 불변성은 역사적으로 한국 병역제도가 갖는 경직성을 잘 보여주고 있다.

한편, 현재 한국의 병역제도에 대해 한국이 징병제와 모병제를 혼합한 이른바 '징모혼합제'라고 설명하는 글을 가끔 볼 수 있다. 예를 들면, 나태종은 2010년 병무청 통계자료를 근거로 당시 현역병 징집자가 14만여 명이고 모집을 통한 지원 입영자 수가 12만여 명에 달한 것에 대해 "지원병 제도가 거의 정착되어 있는 단계에 있다"고 평가한 바 있다.[18] 그러나 이는 현재 우리 군과 병무청에서 징병제의 한 유형으로 '모집'이란 용어를 혼용하고 있는 데서 비롯된 문제이다.

우리 군과 병무청에서는 '모집병 지원' 혹은 '모집'이란 용어를 공식적으로 사용하고 있다. 국방부와 병무청의 공식 통계자료에서도 '징집'과 '모집' 용어를 쓰고 있다.[19] 《국방통계》에서도 "국민개병주의를 채택하고 있는 우리나라는 징집을 원칙으로 하며 지원(모집)제를 병행"하고 있다고 서술하고 있다. 그러나 여기서 '모집'은 모병제 하 자기의사에 의한 '지원'이 아니다. 군과 병무청이 쓰는 '모집' 또는 '지원'이란 용어는 의무병 대상자가 해군, 해병대, 공군으로 가고자 할 경우 본인이 군과 특기 분야를 지원하고 입영일시를 선택한다는 의미이다. 여기에 지원하지 않고 일정 기간이 지나면 자동적으로 육군 의무병으로 입영통지를 받게 된다.

이러한 용어의 혼돈은 병무 행정을 담당하는 입장에서 행정 편의상 '징집', '모집' 두 유형으로 구분한 데서 기인했다고 할 수 있다. 한 해에 20만 명이 넘는 청년들의 병무 행정을 담당하다 보면, '징집'과 '모집'에 따라 행정 절차가 많이 달라진다. 그러나 위 통계에서 사용한 '징집' 용어는 본인이 공군이나 해군, 해병대를 선택해서 지원하지 않는 한 육군으로 입대하는 경우이며, '모집'은 공군, 해군, 해병대 병사로 먼저 선택하는 경우를 말한다. 입영 당사자로서는 군대에 갈지 말지를 선택하는 것이 아니라 의무적으로 군대에 가야 하는데 그중 어디에서 복무할 것인가를 지원해서 선택할 수 있다는 의미이다.

따라서 징병제하에서 모병, 모집병이란 용어를 임의로 사용하는 것은 신중할 필요가 있다. 모병제의 핵심은 '원하지 않으면 군대에 가지 않는 것'이다. 한국이 모병제를 채택했거나 모병제로 전환하고 있지 않은 상황에서 모집병, 지원, 징모혼합제로 평가할 경우 자칫 현실은 모병제가 아닌데 마치 모병제로 전환되고 있는 듯한 착각을 불러일으킬 수 있기 때문이다.

외국의 병역제도와
변동 과정

CHAPTER **6**

병역제도의 변동 과정을 동태적으로 보여주는 국가들을 소개하고자 한다. 미국, 독일, 대만, 이스라엘 그리고 스위스를 대표 사례로 선정하였다. 먼저 미국은 냉전 시기, 베트남전쟁을 한참 수행하던 와중에 병역제도의 형평성, 효율성 등이 논란이 되어 제도 개선과 전환이 진행된 사례이다. 독일은 냉전 종식 이후 병역제도의 전환이 진행되었는데, 병역제도 변동의 계기, 진행 방식이나 속도 여러 측면에서 시사점이 크다. 대만은 한국과 유사한 안보 상황 속에 있고, 최근까지 징병제를 유지하였다는 점에서 포함하였다. 이스라엘은한국처럼 강한 징병제를 유지하고 있다. 마지막으로 스위스는 민병제라는 독특한 병역제도를 운용하고 있고 군 운용 방식에 있어 시사점이 크다.

미국

연혁상 미국은 1차, 2차 세계대전 기간뿐만 아니라 이후에도 6·25전쟁 및 베트남전쟁까지 징병제를 유지해오고 있었다. 징병제도 시스템을 개괄하면, 모든 남자는 18세가 되면 지역 선병청(SSS, Selective Service System, 한국의 병무청에 해당)에 등록되어 신체·학력 등 요건에 따라 적합(I-A), 부적합/면제(IV~F)로 구분되고, 요건에 따라 일정 기간 동안 입대를 유예^{deferment} 받을 수 있었다.

1960년대 징병제 자체의 제도적 문제, 병역 이행의 형평성, 경제적 효율성 문제가 사회적 쟁점으로 확산되었다. 베트남전쟁을 수행하던 기간에도 전체 병역 대상 자원 규모에 비해 징병제로 징집되는 자원수가 현저히 적었다. 1960년대에 이르러 청년 인구가 급증하고 1960년대 초에는 병역자원 중 절반도 군 복무를 하지 않게 된다. 이에 선병청은 면제와 유예를 더 확대한다. 인구수에 비해 군에 복무하는 비

역사와 쟁점으로 살펴보는 한국의 병역제도

율인 군 복무율이 현저히 낮아지고 있었다. 베트남전쟁 참전으로 징집 인원이 다시 늘어나긴 했지만 군 복무로 인한 위험성이 커지는 반면 여전히 많은 유예와 병역면제로 징병제는 사회적 논란의 중심에 선다. 즉 병역자원 대비 군 복무율이 현저히 낮아 이것이 병역 이행의 형평성 문제로 비화하고 전쟁의 정당성 논란과 겹치면서 정치·사회 문제로 비화되었다.

1964년 대통령이 된 린든 존슨은 병역제도의 개선을 공약하고 버크 마셜을 병역제도개선위원회의 위원장으로 지명하였다. 위원회의 병역제도 연구 목적은 징병제의 개선에 있었지 징병제 폐지는 고려 대상이 아니었다. 마셜 위원회에서는 1967년 최종적으로 「형평성을 추구하며: 모두가 입대하지 않을 때 누가 입대하겠는가?(In Pursuit of Equity: Who Serves When Not All Serve?)」 보고서를 발표하였다. 위원회에서는 당시의 징병제를 개선하되, 형평성, 모병제 전환 비용 및 전시 같은 긴급 상황에서의 대응 문제를 근거로 모병제로의 전환을 반대했다.

이후 베트남에서의 전황이 불리해지고 사상자가 많아지는 반면, 사회적으로 병역면제자가 많아지자 미국 국민 사이에서 전쟁과 병역제도에 대한 논쟁이 확산되었다. 베트남전쟁의 정당성에 대한 의문에서 시작된 논쟁은 정당하지 않은 전쟁에 청년들을 강제로 보내는 것이 과연 정당한가라는 문제로 확산된다. 1968년 대선을 앞두고 후보로 나선 닉슨은 반전 여론을 적극 활용한다. 징병제 폐지를 공약한 닉슨이 1968년 대통령으로 당선되면서 병역제도의 개선 방안을 본격적으로 검토하였다. 닉슨은 1969년 3월, 게이트를 위원장으로 각계각층에서 엄선한 15명의 위원으로 구성된 독립된 형태의 병역제도 개선 특별위원회를 발족시킨다.

정부 차원의 공식적 검토 과정과 별개로 학계와 사회에서의 자발적 논의도 활발히 진행되었다. 경제학자들을 중심으로 징병제 자체의 경제적 비용과 효율성에 대한 학문적 논의가 확산되었다.[20] 사회적으로도 징병제의 비용을 단순한 임금뿐 아니라 징병제에 소요되는 사회적 기회비용으로 계산해야 한다는 주장이 부각되면서 징병제 유지 자체도 비용이 적지 않다는 주장이 설득력을 얻기 시작하였다. 최종적으로 게이트 위원회에서도 경제적 효율성을 근거로 모병제로의 이행이 타당하다는 쪽에 무게를 두었고 대중 또한 이를 지지하였다.

내부 토론과 의회에서의 입법 과정을 고려하여 1971년 1월 28일 닉슨 대통령은 징병제 개혁 및 폐지 그리고 모병제All-Volunteer Forces 로의 전환을 위한 군 인력 획득 프로그램을 전격적으로 발표한다. 그리고 모병제 전환을 위한 1973년까지의 예산안을 기초로 한 4개의 법률안을 상원, 하원 군사상임위원회에 동시에 제출한다. 이후 베트남전쟁이 끝나는 1974년까지 미 정부와 의회에서는 징병제 폐지 및 모병제로의 전환을 위한 병무 행정 절차 전환, 법률 개정 및 추가적 예산 편성이 동시에 진행되었다. 비교적 짧은 기간 동안 입법, 예산, 행정의 전 측면에서 병역제도 전환이 진행되었고, 당초 우려와 달리 제도 전환은 신속하면서도 안정적으로 진행되었다.

　미국의 병역제도 변동 과정을 정책과정론적 측면에서 의무병 비율의 변화 추세로 설명할 수 있다. 미국은 1차 세계대전 당시 전체 군인 중 의무병사의 비율이 72%였다. 2차 세계대전에서는 참전한 미국 군인의 61%가 의무병이었다는 기록도 있다.[21] 그러나 한국전쟁 기간에는 미군 전체 병력에서 의무병 비율은 27%에 불과했다. 베트남전쟁 기간 전쟁을 수행한 600만 명의 군인 중 의무병 비율은 전체의 20% 미만 수준이었다고 한다.[22] 즉, 이미 모병제 전환을 결정하기 이전 징병제를 운용하던 시기에도 미국의 의무병 비율은 30% 미만으로 매우 낮았다. 의무병 비율이 현저히 낮은 상황이었기 때문에 비교적 단기간 내 완전모병제로의 전환이 수월하게 진행됐다고 평가할 수 있다.

　군 수요 측면에서 상비군 및 의무병 규모의 감소, 공급 측면에서 청년 인구의 증가로 징집에 의해 군 복무하는 사람들의 비중이 지속적으로 감소하였다. 동일 연령 병역자원의 군 복무율 감소는 사회적으로 병역의무 부담의 형평성 논란을 자연스럽게 가져왔고, 이후 병역제도의 근본적 개선을 촉발시켰다.

　현재 미국의 모병제는 평상시에는 모병 Recruiting 을 통해 직업군인으로서 병사를 획득하고, 전시에는 선병청 주관하에 징병제로 전환하게 되어 있다. 군 복무 지원자는 연방군 현역, 예비군, 주방위군 중 하나를 선택하여 복무할 수 있다. 이 중 현역은 연방군에 소속되어 복무하며,

주방위군^{National Guard} 은 각 주별로 선발하되 대부분 파트타임으로 운영되나 특정 병과는 풀타임으로 선발한다. 현역 중에서도 파트타임 근무자는 매월 주말 2일간 훈련에 참가하고, 1년에 1회 2주간(14일) 훈련에 참가하며, 훈련 수당을 받는다.

주^州방위군과 예비군의 복무 형태는 상당 부분 유사하나 선발 주체와 소속이 다르다. 예비군^{Reserve Force} 은 전시 및 국가비상시 신속히 동원할 수 있는 병력으로 연방군 소속이며 필요시 현역으로 전환된다. 예비군 선발은 각 군별로 대부분 파트타임으로 선발하되, 특정병과 (전체 예비군의 9% 정도)는 풀타임으로 운영된다. 파트타임 근무자는 매월 주말 2일간 훈련에 참가하고, 1년에 1회 2주간(14일) 훈련에 참가한다.

2

독일

독일은 역사적으로 19세기 프로이센 공국 시기부터 국민개병주의에 따라 엄격한 징병제를 유지해왔다. 1, 2차 세계대전에 대한 내부 반성에도 불구하고, 군의무복무법에 따라 징병제를 기본적인 군제로 계속 지속해왔다. 냉전 종식 후 유럽 국가들 대부분이 모병제로 전환하고, 1989년 통일을 했음에도 독일은 이후 20여 년 이상 징병제를 유지하였다. 이것이 최근까지도 독일이 병역제도의 근본적 개편보다 징병제의 개선 수준에 그칠 것이라는 전망을 확산시킨 배경으로 볼 수 있다.[23]

그러나 독일은 오랫동안 점진적인 전환 과정을 거쳐 2014년 징병제를 최종 폐지하고 완전모병제로 전환을 완료하였다. 절대 변하지 않을 것 같았던 병역제도에 갑자기 변화가 온 것일까? 그렇지 않다. 클라인[P. Klein] 이 쓴 〈독일 연방군軍의 개혁〉(2005)에 의하면 독일에서는 오랫동안 안보 전략의 변화, 군 병력의 감축, 그리고 징병제를 포함한 군 인력제도의 변화가 맞물려 돌아갔다.[24] 사실 독일은 1989년 통일 이후 독일에 닥친 인구·경제·사회적 변화를 군이 서서히 수용하면서 군 구조를 감축해왔다. 이 과정에서 병역제도도 10여 년 이상에 걸친 단계적 전환 과정을 거쳤으며, 그 결과 안정적으로 모병제로 전환을 완료하였다. 독일 병역제도의 변화 과정은 매우 완만하였고, 사회와 군 전반에 걸친 변화의 연장선상에 있었다.

오랫동안 운용돼온 독일의 징병제를 먼저 살펴보면, 만 18세에 병역의무가 발생한다. 징병검사 전문의사가 신체적 건강 상태를 확인하고 성격 안정성, 사회 적응력 등 심리검사를 실시한다. 신체등급은 복무수행 가능, 일시적인 복무수행 불가, 복무수행 불가 등 세 가지 형태로 구분한다. 이외에 정신이상자, 장애인, 범법자, 기혼자 등에 대해서는 병역의무를 면제하였다. 의무병의 복무 기간은 1950년대 최초 12개월에서 시작하여 냉전 시기 15~18개월로 유지되었다. 통일 이후 복무 기간을 10개월로 줄였고, 2000년대 초 '수정 국방개혁'을 추진하면서 의무병의 병역 부담을 완화하기 위해 복무 기간을 9개월로 단축하였다. 이후 2010년 7월 1일부로 장차 징병제 폐지를 앞두고 6개월로 복무 기간을 단축하였다.

군 병력 규모는 서독을 기준으로 1950년대 이래 50만 명 정도를 안정적으로 유지해왔고, 통일 직후인 1990년대까지도 49만여 명에 이르는 대규모의 군을 유지하였다. 그러나 냉전 종식과 통일 이후

1990년대 초반부터 안보 개념과 군의 역할에 대한 재검토가 진행되고 있었다. 여기에는 통일재원 마련 및 경제위기에 따른 긴축재정의 일환으로 군에 대한 대규모 구조조정이 포함되었다.

1995년 3월 15일, 국방부는 새로운 군 구조에 대한 '1995 안보 신개념'(The Ministry Concept of 1995)을 발표한다. 독일의 국방개혁인 '1995 안보 신개념'에 따르면 병력은 1995년 당시 50만여 명에서 5년 후인 2000년에는 33만여 명으로 감축할 것을 목표로 하였다. 계획대로 국방개혁이 완료되던 시점인 1999년, 독일 연방정부는 전 대통령 리차드 바이체커를 위원장으로 한 독립적인 국방개혁위원회 Weizsacker Kommission 를 발족시킨다. 국방개혁위원회는 군의 임무 전략 혁신, 사회적으로 감당 가능한 병역 이행 형태 정립을 목표로 집중적인 연구와 검토를 거쳐 대통령에게 개혁안을 보고한다. 이를 토대로 2000년 1월 14일, 연방정부는 수정된 국방개혁안을 승인한다.

2000년 '수정 국방개혁'에서는 상비군 규모를 2000년 33만여 명에서 점차 25만 5,000명으로 감축하기로 하였다. 긴축재정 계획과 군에 대한 대규모 구조조정은 계획대로 추진되었고, 2010년 25만여 명 수준이 되었다. 이후 군 병력을 다시 감축해 독일군 병력 규모는 18만 5,000여 명(2018년 기준)으로 직업군인 간부 17만 명, 지원병사 1만 5,000명 수준이다. 지원병의 복무 기간은 원칙적으로 12개월이며 최장 23개월까지 연장이 가능하도록 했다. 요약하면, 2010년 25만여 명 중 징집에 의한 의무병은 5만 5,000명으로 약 22% 수준

〈표 6-1〉 1990년대 이후 독일군 병력 감축 현황

구 분(명)	1990년	1994년	2000년	2005년	2010년	2018년
총계 (예비군 포함)	495,000	370,000	338,000	285,000	252,500	187,500
직업군인 (간부, 병 포함)	270,000	211,000	203,250	202,400	195,000	185,000
의무복무병사	219,000	155,000	131,750	80,000	55,000	0
예비군	6,000	4,000	3,000	2,600	2,500	2,500

이다.

주목할 점은 독일이 군 병력 감소로 인한 숙련 군인의 확보 문제에 대해 의무병 규모를 점차 축소하고 지원병 등 직업군인의 비율을 확대함으로써 해결할 수 있다고 보았다는 것이다. 2000년 군 병력 33만 명에서 20만 명은 정규 직업군인regulars 과 단기 복무 지원자temporary career volunteers 로, 13만 명은 의무병conscripts 으로 구성되었다. 따라서 전체 군인 중 지원에 의한 군인이 약 60%, 의무병이 약 40%인 형태였다.

독일의 병역제도 전환 과정은 병역자원 수요 공급에 따른 국방정책 변동 과정의 관점에서 설명할 수 있다. '1995 안보 신개념' 발표이래 2014년까지 근 20년간 국방개혁과 병력 구조 개편, 직업군인 확대 계획은 흔들림 없이 추진되었다. 병력 규모가 줄어들자 군 수요 측면에서 의무병 수요가 매년 감소하였다. 반면 공급 측면에서는 통일 이후 구 동독 지역의 인구가 편입되면서 병역의무 대상자가 급증하게 되었다. 병역자원의 수요공급 측면에서 청년 인구의 공급이 군

역사와 쟁점으로 살펴보는 한국의 병역제도

수요보다 현저히 많아지면서 잉여자원 문제가 커졌다. 국방부는 징병 신체검사 합격 기준을 상향 조정하는 등 병역의무 부과 범위를 축소하고, 병역면제와 각종 대체복무를 확대하게 된다.

병역의무 대상 인구 중 실제 현역복무자의 비율이 현저히 감소하면서 사회적으로는 징병제의 형평성 논란이 확산되었다. 여기에 대체복무가 확대되면서 병역제도의 형평성 논란을 가중시켰다. 병력 감축과 의무병 비율을 줄이고 지원병의 비율을 높이던 2010년의 경우, 총 병역의무 대상자 중 현역병으로 군에 복무하는 비율이 14.3%인 반면, 대체복무자의 비율이 32%, 병역면제자의 비율이 53%에 달하였다. 군 복무율 14.3%의 의미는 사회적으로 일정 연령대의 병역자원 중 15% 미만 정도만 군대에 가고 있다는 것이다.

〈표 6-2〉 독일의 병역의무 이행 인원

(2010년 기준)

연도(명)	대상인원 (병역가용자원)	현역복무자(징집)	대체복무자	복무면제자
2010	384,811	55,000(14.3%)	124,000(32%)	206,000(53.5%)

이렇게 군에서 복무하시 않는 대체복무자와 병역면제자의 비율이 85~90% 수준에 달하면서, 독일 정부는 병역제도의 형평성 차원에서 징집되는 현역병의 복무 기간을 추가로 단축한다. 2002년 9개월이었던 복무 기간이 2010년에 6개월(2010년)로 대폭 단축되었다.

2010년 12월 15일, 국방개혁 계획대로 병력 감축을 완료하자 국방부는 「독일연방군 개혁 주요 사안」을 발표하면서 의무복무 정책을 중단하기로 선언하였다. 이후 연방의회(국회)가 2011년 3월 24일 「군 의무복무제 유예안」을 가결함으로써 징병제 시행은 공식적으로 중단되었다. 최종적으로는 2014년 의무병들이 완전히 전역함으로써 모병제 전환을 완료하였다. 요약하면 독일의 병역제도 개혁은 2000년 국방개혁의 일환으로 군 구조 개혁과 같이 시작되어 10여 년의 제도 변동 과정을 거쳐 2014년에 완성되었다고 평가할 수 있다.

역사와 쟁점으로 살펴보는 한국의 병역제도

대만

대만은 안보 환경 및 군사적 측면에서 한국과 비교적 유사한 상황이다. 이점에서 대만의 병역제도 변화 과정은 우리에게 시사하는 바가크다.

대만에서는 '중화민국' 정부 수립 직후 1951년부터 징병제를 시행해왔다. 징병제의 기본 내용은 한국과 매우 유사하여 우리나라와 같이 병역의무 이행을 18세에 시작하여 40세에 종료한다. 냉전 종식 후에도 징병제를 유지해왔다. 대만에서 현역병에 해당하는 '사병역'은 상비병역과 보충병역으로 구성되며, 보충병역은 상비병역 충원 후 현역병 잉여자원이나 국가 체육특기자를 대상으로 군 영내에 복무하도록 하는 것이 특징이다.

50여 년 이상 징병제를 안정적으로 유지해오다 대만에서 본격적으로 복무 기간 단축과 병역제도 개혁을 추진한 것은 2000년 당시 야

〈표 6-3〉 대만과 한국의 병역의무 이행 유형 비교

국가	간부		병	대체복무	면제	
대만	상비군관역 (常備軍官役)	상비사관역 (常備士官役)	사병역 (士兵役)	체대역 (替代役)	면역 (免役)	금역 (禁役)
한국	장교	부사관	현역병	대체복무	병역면제	5년 이상 징역형

당이었던 민진당으로 첫 정권교체가 이뤄지면서부터이다. 2000년 1
월 병역법령 개정을 통해 현역병 및 예비역의 복무 기간을 이전 2년
에서 22개월로 단축하였다. 또한 한국의 병역특례나 대체복무에 해
당하는 체대역(替代役, 징병을 대신하여 병역에 충당시키기 위한 대체복무제
도) 제도를 신설하였다. 체대역은 1994년 1월 이전 출생자(2014년 20
세)에게는 원칙적으로 전면 징병의 의무를 부과하고, 현역병으로 복
무하거나 체대역으로 복무하도록 하고 있다.

　2005년부터는 본격적으로 국방개혁을 추진하기 시작한다. 2005
년 9월 24일, 국방장관은 「병력정비 5개년 계획」을 입법원(국회)에 제
출한다. 제도 정비 배경으로 중국의 무력 위협이 더욱 심각해질 것으
로 예상하고 병력 감축을 통해 절약한 인건비로 첨단무기를 갖출 필
요가 있다고 설명하였다. 먼저 군사전략적으로는 무기가 첨단화·고
도화할수록 장시간의 훈련과 적응을 거친 인력이 필요했다. 국민의
안보 의식 쇠퇴와 군 복무 거부감은 오히려 군의 전투력 유지에 위협
이 된다고 판단하였다. 정치적으로는 다수의 남성들이 병역을 희망하
지 않아 정치권이 선거 때마다 복무 기간 단축을 거론하는 데다, 사회

적으로는 저출산 탓에 징병제 환경에서 병력이 부족해지는 문제가 있었다.

이를 위해 2005년 당시 20개월이었던 의무복무 기간을 단계적으로 감축해 최종적으로는 10개월로 줄이기로 하였다. 그리고 징병제는 유지하되 군 병력을 줄이면서 부분적으로 모병제를 도입하기로 한다. 2005년 당시 대만의 총 병력은 38만 명 수준인데 이를 2009년까지 30만 명으로 줄이고, 이 중 약 4만 5,000명은 지원병으로 모집한다는 것이다. 임무 역시 지원병을 중심으로 최전방을 맡기고, 의무징병자로 편성된 부대는 후방 지원을 주로 맡는 체제로 바꾸기로 하였다.

이후 민진당(2000년) → 국민당(2008년) → 민진당(2016년)으로 정권교체가 진행되는 동안 병역제도 개편은 경쟁적으로 진행되었다. 2007년 총통 선거시 국민당 후보로 나선 마잉주^{馬英九} 총통도 대선 공약으로 기존 정권의 모병제 정상 추진을 재확인하고, 당선 후 모병제 전환을 계획대로 추진한다.

결과적으로 보면 2005년부터 추진된 병역제도 개편은 2017년 말까지 비교적 장기간에 걸쳐 세 단계로 진행되었다. 먼저 계획/정비 단계('09.7.~'10.12.)로서 이 기간에 「병역법」 및 관련 법규 수정과 예산 편성을 하였다. 두 번째 집행/검증 단계('11.1.~'14.12.)에서 모병 인원을 점차 확대하고, 모병제 시행 성과를 검증하고 피드백을 하였다. 완전모병제 정착까지 징병제와 모병제가 중첩 운영되는 기간에 청년의 복무 기간과 병역의무 처리 기준을 연령별로 차이를 뒀다. 2013년부터 당시 연령을 기준으로 의무병의 경우 1994년 1월 이전 출생자는 1년, 1994년 1월 이후 출생자는 4개월의 기초 군사훈련만 마치면 현역병 의무복무를 마친 것으로 했다. 마지막은 전환완료 단계('14.1.~'17년)로 모병의 비율을 점차 늘리고, 모병 인원이 일부 미달되는 분야에 대해 다양한 모병 방안을 시행하였다.

이 과정에서 최종적인 모병제 전환완료는 모병의 어려움과 안팎의 반발 등으로 계속 늦어졌다. 최초에 2005년 모병제 전환 정책 결정을 하고 2008년 지원병 모집을 시작하면서 징병제 완전 폐지, 즉 모병제 전환완료 시기를 2013년으로 발표하였다(《연합뉴스》, 2008.7.2.). 그러나 2013년에도 징병제를 유지하였으며 2016년 5월 민진당 차이잉원蔡英文이 총통으로 당선되고 중국과의 관계가 경색되면서 징병제 폐지에 대한 우려가 커졌다. 그러나 대만 국방부에서는 계획대로 모병을 진행하였고, 2018년 1월 1일부로 모병제로 전환이 완료되었음을 선언한다.[25]

군 구조 개혁도 병행하여 추진하고 있다. 병력 규모는 감축을 계속하여 현재 대만의 상비군은 21만 5,000명 수준을 유지하고 있다.[26] 병 복무 기간도 1950년대 이래 각 군별로 2~3년이 유지되다가 1990년 7월부터 2년으로 군별 복무 기간을 단축, 통일했다. 2004년 20개월로 단축한 이후 모병제로 전환하는 과정에서 16개월(2007년) → 14개월(2007년) → 1년(2008년)으로 줄었다. 완전모병제로 전환한

역사와 쟁점으로 살펴보는 한국의 병역제도

뒤에도 대만 헌법상 기본적 병역의무는 유지된다. 즉 모든 병역의무 대상자는 원칙적으로 4개월간 군사훈련을 함으로써 병역의무를 완료하고, 이후 38세까지 예비군에 편입된다.

모병제로 전환완료 후 지원병의 기본 복무 기간은 최저 4년으로, 계급별 복무연한은 이등병(6개월), 일등병(1년), 상등병(최대 10년)으로 구분하고 병 복무 중 부사관으로 진입할 수 있는 기회를 지속적으로 부여하고 있다. 지원병의 월급은 이등병 2만 9,625위안, 일등병 3만 1,230위안, 상등병 3만 3,845위안이었으나 2014년부터 모병률 제고를 위해 이등병 봉급을 3만 7,560위안(한화 약 130만 원)으로 인상하였다.[27]

4

이스라엘

이스라엘은 1948년 건국 이래 징병제를 택하였고, 여성도 징집하고 있다. 앞선 다른 국가들의 변화 사례와 달리 지금까지 큰 변화 없이 병역제도를 유지하고 있다. 이스라엘은 작지만 강한 군대를 갖췄다고 평가받는다. 나라 전체의 인구가 759만 명으로 서울시 인구보다 적지만, 상비군은 17만 6,500여 명 수준으로 인구의 2.3% 정도가 상비군인인 셈이다. 육군 13만 3,000명, 해군 9,500명, 공군 3만 4,000명이다. 예비군은 약 44만 5,000여 명으로 알려져 있다.[28]

기본적으로 남성은 3년, 여성은 2년 정도 병역의무가 있고, 여성들은 결혼, 육아 등의 이유로 군에 가지 않는 경우도 많다. 여성은 건국 당시부터 비전투병으로 징집하였다. 18~29세 남성, 여성이면 자국민이거나 20세 이전에 이민 온 18~26세 독신 여성에게 병역의무가 주어진다. 다만 20세 이후에 이민 온 독신 여성의 경우에는 자원 입대

가 허용된다. 복무 기간은 남성 36개월, 여성 21개월로 차이가 있다.[29]

군 인력 관리 체계에서는 병역의무 대상자들이 모두 병으로 징집되어 이 중 일부가 일정 기간 복무 후 장교나 부사관 등 직업군인으로 전환하는 일원형 혹은 단선형 구조를 택하고 있다. 따라서 장교로서 복무하고자 하면 우선 병으로 입대해야 하며, 6개월~1년 정도 복무 후 본인의 희망 및 지휘관 추천에 의해 간부로 선발하게 된다. 간부 선발 인원도 매우 적어 연 몇 백 명 수준으로 알려져 있다.

장교를 별도로 충원하는 사관학교나 별도의 충원 루트가 없기 때문에 장교가 되고자 하는 자도 일단 의무병으로 군에 복무하여야 한다. 장교는 병 복무 중 우수한 자 가운데 희망자에 한해 직업군인으로 선발한다. 간부 후보생으로 선발되면 기본 군사학교에 들어가 6개월 정도 장교 기본소양 교육을 이수한다. 이후 해당 특기별 병과학교에서 추가로 6개월에서 1년 반 정도 교육을 이수한 후에 장교로 임관한다. 특기별로 교육 기간은 다소 상이하다. 장교는 임관 후 병 의무복무 기간에 1~2년을 추가로 복무한 이후 장기 복무 여부를 판단한다고 한다.

이스라엘군에서 부사관 제도와 관련한 별도의 운영 정책이나 법은 명확히 규정되어 있지 않다. 부사관 제도는 각 군별, 부대별, 임무별 특성에 따라 달리 운용되는 것으로 파악된다. 부사관 모집은 일반적인 병 징집 과정을 거쳐 이스라엘군에 입대한 이후, 복무 기간 동안 근무 평가를 통해 우수한 인적자원으로 인정받은 사병이 부사관 과정에 입과를 희망할 경우, 복무연장 계약을 체결하면, 부사관 계급이 부여된다. 그러나 부사관 선발을 위한 통일된 규정이 없어서 부사관 선발 과정에 문제점들이 발생하는 경우도 있고 권한과 책임이 불분명하다는 비판도 있다. 아울러 부사관 복무 중 장교로도 임관이 가능하다.

한편 이스라엘은 강한 징병제를 유지하고 있으면서도 '종교적 병역거부'를 별도로 인정해주었다. 오래전부터 초정통파 원리주의 유대교Ultra-Orthodox 들이 유대학교(예시바)에 재학할 경우 종교적 사유로 병역을 면제해주었다. 다만 최근 대법원이 이들에 대한 병역면제 법률이 위헌이라고 판결하면서 논란이 불붙었다.

마지막으로 극소수의 이공계 인재들을 대상으로 과학기술 분야에서 연구할 수 있도록 하는 '탈피오트'Talpiot 프로그램도 운영하고 있다.[30] 탈피오트 제도는 우수한 영재들에게 우선 대학 재학을 허용하되 졸업 후 군부대에서 복무하게 하는 제도로서 1979년부터 시행한 것으로 알려져 있다. 일각에서는 한국의 전문연구요원 대체복무 제도를 이스라엘의 탈피오트 제도에 준하는 것으로 보기도 하지만 많은 차이가 있다.

이스라엘에서는 고등학교를 졸업하면 의무적으로 바로 군에 입대해야 한다. 군 의무복무를 마친 다음에 대학에도 갈 수 있고, 취업도 할 수 있다. 이런 상황에서 탈피오트 제도를 통해 고교 졸업자 중 성적 우수자 50여 명을 매년 선발해 이스라엘의 최고 명문대인 히브리대에서 군인 신분으로 3년간 대학교육을 이수하게 해준다. 중간에 여

역사와 쟁점으로 살펴보는 한국의 병역제도

름 12주 기간을 이용하여 기본 군사훈련을 실시한다. 일반병사가 고등학교 졸업 후 바로 징집되는 데 대한 예외로서의 특례를 인정해준 것이다. 반면 이들은 대학교육 이수 후 6년을 군에서 복무해야 한다. 일반병사들이 3년 복무하는 것과 비교할 때 2배 더 복무 기간이 긴 셈이다. 즉 최고의 대학교육을 보장하는 특혜를 주는 대신 2배 긴 복무 기간에 군에서 본인의 지식과 재능을 활용하도록 하는 것이다. 특별한 혜택과 특별한 의무가 균형 있게 설계되어 있다는 점이 탈피오트 제도의 핵심이다.

5

스위스

―――――
―――――
―――――

"스위스는 군대가 없다. 스위스 자체가 군대다"라는 말이 있다. 안보 강소국으로 인정받는 스위스는 1815년 빈 회의에서 영구중립국으로 인정받은 이후 지금까지 무장 중립정책을 유지하고 있다. 제2차 세계 대전 당시 전시 동원 3일 만에 당시 인구의 10%에 해당하는 50만 명의 병력을 동원하며 즉각 총력 전시태세로 전환한 사례는 스위스 국방력의 저력을 잘 보여준다.[31]

험준한 알프스 산악지대의 특성과 850만여 명의 적은 인구를 가진 스위스가 강한 군대로 평가받을 수 있는 배경에는 바로 민병제를 근간으로 한 군대 운영 체계와 신속한 동원 능력이 자리하고 있다. 스위스는 헌법에서 "군은 국민개병제를 기본 원칙으로 조직돼야 한다"(제58조), "모든 스위스 남성들은 국방의 의무를 진다"(제59조)고 규정하고 있다. 이에 따라 20~36세의 모든 스위스 남성은 국방의 의무를

역사와 쟁점으로 살펴보는 한국의 병역제도

지며, 1인당 총 260일(37주), 약 9개월간 군 복무의무가 있다. 그러나 의무복무 기간을 연속으로 복무하는 것이 아니라 일정 기간은 집체훈련, 나머지 기간은 민간인 신분으로 있다가 훈련을 받는다. 이렇게 평상시 학업을 하거나 생업에 종사하면서 일정 기간 병역의무를 이행하는 형태를 소위 '민병'이라고 하며, 전통적 병역제도 분류상 의무병제 중 '민병제' Militia System 에 속한다.[32]

스위스의 민병제를 이해하기 위해서는 먼저 스위스의 군 구조를 이해할 필요가 있다. 스위스의 군 조직은 현역 상비군과 예비군으로 구성되어 있다. 2019년 기준 군 병력은 약 21만여 명으로 직업군인과 민병으로 구성된 현역군인이 18만 명, 예비군이 약 3만여 명 정도이다. 상비군은 간부급의 직업군인과 징병제에 의한 병 집단으로 구성된다. 평상시 상비군은 약 3,500명의 직업군인이 교관, 국경감시대, 군사안보요원으로 상시 근무한다. 나머지는 군 병력은 징병으로 소집된 '민병'들로 구성된다. 스위스의 병력은 1995년 40만 명 수준에서 22만 명으로 감축된 이후 최근까지 21만여 명 수준을 유지하고 있다.

이러한 군을 유지하기 위해 스위스의 모든 남성은 18~19세경 2박 3일간 신체검사와 심리검사를 받아야 하며, 현역, 민방위, 병역면제, 이렇게 세 가지로 판정 받는다. 현역 판정자는 군 복무를 하며, 민방위 판정자는 민방위대원 Civil Defense 활동을 한다.[33] 현역 판정자는 총 260일(약 37주, 약 9개월) 동안 병역의무를 이행한다. 군 복무는 20세경 연 2회 상반기, 하반기로 나누어 총 21주(약 5개월) 동안 신병학교에 들어가 집중적으로 기초 군사훈련을 받고, 나머지 복무 기간(16주, 약 4개월)은 향후 수년간 분할 복무하는 방식이다. 분할 복무는 평상시 생업에 종사하다가 1년에 최대 19일씩, 총 6회 군부대에 와서 훈련받는다. 대학생들은 주로 방학 기간 중 병역의무를 이행하고, 직장인들은 유급휴가를 받아 병역의무를 이행한다. 2004년부터 전체 민병의 20% 내에서 300일(약 10개월) 정도 계속 복무하고 전역하는 '계속복무군'제도를 시행하고 있다. 이는 개인에 따라 의무복무를 한 번에 완전히 다 이행하려는 경우가 있어 이들의 선택권을 허용하기 위한 것이다.

의무병으로 징집되지만 기초 군사훈련 기간 동안 입영 집체훈련을 받은 다음에는 민간인으로 돌아가 매년 분할 복무하는 형식이라 '민병제'라고 하는 것이다. 이렇게 해서 병 의무복무(기초훈련+동원소집복무)를 모두 마치면 원칙적으로 4년간 예비군에 편성되어 관리된다. 민병 복무방식 자체가 기초훈련과 동원소집 복무 방식이기 때문에 동원소집 기간은 외형상 예비군 훈련과 거의 다를 게 없다. 또한 예비군들에 대해 평상시 별도의 훈련이 거의 없다. 민병들의 평상시 동원소집 복무가 사실상 예비군의 기능을 대신하고 있기 때문에 스위스 정부에서도 국방개혁 차원에서 장차 예비군 제도를 폐지할 계획을 밝힌 바 있다.

스위스 정부는 종교적 사유 등에 따른 병역 거부자를 위한 사회봉사 근무제도를 유럽 국가로서는 뒤늦은 1996년에야 도입했다. 현역

<표 6-4> 연령에 따른 스위스의 의무복무 이행 체계

구분	민병(총 260일, 37주)		예비군
	기초 군사훈련 (신병학교 집체교육)	동원소집 복무 (연간 분할 복무)	
기간	21주	16주 (연간 19일씩 6회)	4년
연령	20세	21~26세	27~30세

* 국방부 내부 조사 자료(2016)

복무를 원치 않는 청년들은 사회봉사기관에서 현역복무의 1.5배에 달하는 390일을 근무해야만 한다. 그러나 2004년부터 철저한 징병 검사 등을 골자로 한 새 징병 시스템이 시행되자 구태여 복무 기간이 더 긴 사회봉사 근무를 기피하는 현상이 확산되고 있다.[34]

한편 스위스에는 군사조직과 별개로 민방위대가 있다. 민방위대원은 조직상 군대가 아니고 스위스의 자치안전 조직에 속한다. 민방위대원 복무도 병역의무의 일환으로 하는 것으로 분류는 신체검사 결과에 따른다. 각자의 전공과 적성에 따라 경찰, 소방, 보건·의료 서비스, 전기·통신 등 기술지원 서비스, 보호지원 서비스 등 5개 분야로 나뉘어 배치된다. 직업별 차이는 있으나 대개 40세까지 연간 약 20일을 의무복무 해야 한다.[35] 또한 스위스의 남자는 대개 집에 상시로 무기를 구비해둘 수 있고 언제든 동원될 수 있다.

요약하면, 스위스의 병역제도는 기본적으로 징병제로 이해하는 것이 바람직해 보인다. 스위스 모델이라고 하는 민병제를 채택하고 있으나 사실상 세계에서 스위스 정도만 유일하게 운용하고 있다. 분할 복무 기간은 우리가 흔히 보는 예비군과 유사하다. 또한 스위스에서 군 복무 이외 민방위제도가 발달하여 스위스의 병역제도를 이해할 때 개념상 혼돈이 생기기 쉽다. 의무병(민병), 민방위, 예비군이 한국의 기준으로 보자면 용어도 비슷하고 외형상 유사하기 때문이다. 그러나 본질적으로는 징병제 국가이며 복무 형태나 방식에 차이가 있는 것으로 봄이 타당하다. 이런 점에서 홀티너도 스위스의 민병제는 본질적으로 징병제로서 복무 방식이 일부 다를 뿐이므로 경성징병제에 속한다고 분류한 바 있다.

역사와 쟁점으로 살펴보는 **한국의
병역제도**

한국 병역제도의
변동 연혁과 수급 구조

병역제도의
변동 연혁

대한민국의 병역제도는 1948년 제헌헌법에서 국방의 의무를 규정하면서 시작하였다. 병역의 의무는 법률에 따르도록 했는데, 병역제도의 근간이 되는 법은 「병역법」과 「병역특례법」으로 통합과 분리를 반복하였다. 정권에 따라 다양한 대체복무와 병역특례제도가 신설되거나 통합되고 혹은 이름이 바뀌었다. 앞서 외국 사례에서 보았던 병역제도의 근본적 변동이나 정책과정적 변화는 한국에서 관찰하기 힘들다. 반면 변화의 주 대상이었던 병역특례나 대체복무는 성격상 군 복무가 아니라는 점에서 한국의 병역제도는 독특한 변동 역사를 보여준다.

①
「병역법」의 변동 연혁

「병역법」은 기본적으로 병역의무를 이행하는 병을 대상으로 하고 있다. 간부, 즉 직업군인에 대해서는 「병역법」이 아닌 군인사법에 따라 충원, 복무 관리, 임관 및 전역 등 인사 관리를 하고 있다.

「병역법」은 군 인력 중 병사의 충원 및 관리를 규정한 기본법이다. 징집대상인 병역자원의 판단, 징집을 위한 일체의 행정 행위, 배치의 기본원칙 및 전역·소집해제까지 일련의 국가 권력 작용 원칙을 기술하고 있다. 개인의 신체적 자유를 제한하고 의무를 부과하는 강력한 국가적 부담 행위라는 점에서 징병 과정에 필요한 일체의 요건, 심사 기준 및 절차 등을 법률에 상세히 기술한 것이 특징이다.

세부 사항은 「병역법」 시행령과 「병역법」 시행규칙, 징병검사규칙 (병역판정검사규칙) 등을 통해 구체화되어 있다. 덧붙여 시기별로 병역 특례 등 각종 대체복무제도를 규정하는 특별법 또는 개별법들이 신설되었다. 법체계 측면에서는 「병역법」을 기본법으로 하고 각종 대체복무를 규정하는 「병역특례법」이 수차례 통합과 분리를 반복해온 것이 특징이다.

1948년 최초에는 헌법에 근거하여 「병역법」이라는 단일 법률을 기본법으로 제정하여 유지해왔다. 1973년 '병역특례' 제도 도입을 계기로 「병역법」과 「병역특례법」의 이원화 체계가 시작되었다. 즉, 1973년 3월 3일, 한국과학원(현재의 KAIST) 학생에 대한 병역특례를 부여하기 위한 목적으로 비상국무회의에서 「병역의무의 특례규제에 관한 법률」(소위 「병역특례법」)을 제정하면서 병역특례가 법상 최초로 도입되었다.[1] 「병역의무 위반자 처벌법」도 분리하였다. 「병역법」 외에 「병역특례법」에서 병역특례에 관한 사항을 규정하는 이원화 체계는 이후 단일화와 이원화를 여러 차례 반복하였다. 1983년 「병역특례법」과 「병역의무 위반자 처벌법」이 다시 「병역법」에 통합된다. 1994년 「병역법」으로 단일화한 후 현재까지 「병역법」 단일 체계로 통합 유지되고 있다.

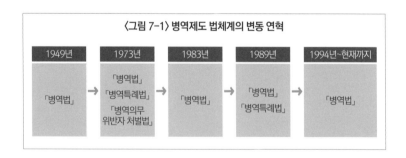

〈그림 7-1〉 병역제도 법체계의 변동 연혁

1949년	1973년	1983년	1989년	1994년~현재까지
「병역법」	「병역법」 「병역특례법」 「병역의무 위반자 처벌법」	「병역법」	「병역법」 「병역특례법」	「병역법」

역사와 쟁점으로 살펴보는 한국의 병역제도

「병역법」과 「병역특례법」의 통합·분리의 역사 속에서 기본법은 「병역법」이었다. 소위 「병역특례법」은 국가기간산업 및 방위산업과 각종 중화학공업을 육성하는 데 필요한 기능 인력을 확보하기 위해 병역자원 중 잉여 인력을 활용하는 것을 배경으로 하였다. 그러나 '병역특례 규정을 억제하기 위함'이라는 제안 이유와 달리, 실제로 이 법은 1970년대와 1980년대를 거쳐 병역특례를 집중적으로 양산하는 특별법의 기능을 수행한다. 그 결과 법의 공식 명칭인 「병역의무의 특례규제에 관한 법률」에 특례와 규제라는 두 가지 중요한 목적이 병기되었음에도 불구하고, 언론, 국회, 정부에서 일반적으로 「병역특례법」이라는 약자로 지칭해온 것이다.

역대 정부별 병역제도 변동

1　　　　　　　　　　**이승만 정부, 윤보선 정부: 1945~1962년**

한국의 병역제도 체계는 해방 이후 대한민국의 국방부 및 정규군 탄생과 궤를 같이한다. 대한민국은 1945년 군대 규모가 10만여 명도 채 안 되는 상태에서 지원병제 개념의 병역제도를 임시로 운용하고 있었다. 그러나 당시 미국의 '해외주둔미군 감축정책'에 따라 주한미군 철수가 예상되었고, 38도선 인근에서 남북한 간 충돌이 빈번하게 발생하고 있었다.

이에 따라 유사시 대규모 병력 동원이 용이하도록 징병제가 필요하다는 인식이 확산되었다. 1949년 7월부터 국회에서 병역 기본법 제정을 위한 논의가 집중적으로 진행되었다. 그 결과 1949년 8월 6일 의무병제를 기본 병역제도로 하는 대한민국 최초의 「병역법」(법률

제41호)이 제정·공포된다.

최초의 「병역법」은 전문 8장 81조 및 부칙으로 구성된 형태로 독일, 프랑스, 자유중국(현재의 대만) 등의 병역제도를 참작하여 국민개병주의에 입각한 징병제를 원칙으로 하였다. 「병역법」 제1조는 "대한민국의 국민 된 남자는 병역에 복무하는 의무를 진다"고 명시하고, 제2조에서는 여자와 병역에 복무하지 않는 남자에게 지원에 의한 복무를 허용하고 있다.

당시 지대형 외무국방위원장의 말을 인용하면, 병역제도를 설계할 때 해방 이후 건국 초기 국가의 경제적 어려움으로 국방 재원 조달조차 어려운 실정을 감안하고 또한 평상시 국민의 경제활동을 최대한 보장하기 위해 대규모의 상비 병력을 유지하기보다 유사시 동원 병력의 확충에 주안점을 두었다고 한다. 병 복무 기간을 결정하는 데 있어서도 국가의 경비(예산)와 국민의 생산 활동 참여를 고려하여 육군은 복무 기간을 2년으로, 해군은 3년으로 설정하였다.

1950년 2월 1일 「병역법」 시행령(대통령령 제281호)이 바로 제정되었으나 6·25전쟁의 발발로 제대로 시행되지 못하였다. 3년여의 전쟁 기간 동안 동원해야 할 군인은 연간 약 30만 명이었다. 이는 한국군 총 정원을 25만 명으로 확대하고, 3만 명은 유엔군에 편입시키며, 월 2~3만 명의 손실 보충을 해야 가능한 규모였다. 그러나 전쟁 기간에는 「병역법」과 제도에 의한 충원보다 가두모집, 강제모병, 자원입대 등 전쟁 상황에 따른 동원 및 징병제가 시행되었다.

정전 후 1955년경이 되어서야 「병역법」에 따라 징병 연령이 된 자원에 대해 징병검사를 실시하기 시작하였다. 징병검사를 실시한 결과 1950년대 후반부터 매년 군 복무에 적합하다고 판정받은 20만여 명 규모의 병력자원을 유지하게 되었다.

2 박정희 정부: 1962~1979년

박정희 정부에서는 기존 병역제도의 틀을 유지하다가 1968년 병 복무 기간을 연장하고, 1969년 방위병제도 도입을 필두로 다양한 대체복무제도를 신설하였다.

1955년부터 징병검사를 실시한 이래 1960년대가 되자 병역자원 인구 측면에서 현역 판정자가 늘어났다. 그러나 병 복무 기간이 3년여가 되었기 때문에 한 해에 입영하는 인원이 많지 않았고 그 결과 현역병 수요를 충원하고 남은 자원이 계속 누적되고 있었다. 당시 보충역은 사실상 방치되던 자원이었고, 현역으로 복무하지 않는 한 별도의 다른 의무를 부과하지 않았다. 이에 따라 병역의무 부과의 형평성에 대한 비판이 일기 시작했다.

여기에 1968년 1·21사태가 발발하자 국가 전체적으로 국방과 향토방위를 강화시키는 계기가 되었다. 먼저 현역병들의 복무 기간을 일제히 연장하였다. 후방 지역에서도 향토방위 강화의 필요성이 제기되었다. 국방부는 현역 판정을 받았으나 입대하지 못해 보충역으로 전환된 잉여 병역자원(35세 이하)에 대해 1969년부터 방위병 소집의무를 부과하기로 한다.[2]

1969년 4월 5일 최초의 방위소집을 실시한 이래 1970년, 1973년 두 차례의 「병역법」 개정을 통해 방위병제도는 공식적인 대체복무제도로 정착한다. 1973년 개정된 「병역법」에 따르면 방위병제도는 "군사軍事 및 향토방위, 기타 이와 관련되는 업무를 지원하기 위하여 현역복무를 마치지 아니한 보충역 및 제2국민역의 병에 대하여 소집하되 그 기간은 3년 내로 정한다"고 규정하였다. 여기서 '軍事'는 군대에 관한 제반 사항을 광범위하게 포함하는 것이고, '향토방위에 관련된 업무의 지원'은 전방이 아닌 후방 지역 향토방위를 위한 업무를 의미하였다.

복무 내용 측면에서 방위병은 6주간의 기초 군사훈련을 받은 후 귀가하여 거주지 인근에서 향토예비군중대 운영에 따른 보조요원과 무기고 경비, 치안 또는 병무관서의 요인으로 복무하였다. 복무 분야는 군부대 경비에서 점차 확대되어 수자원 보호를 위한 수원지 경비, 철도 경비 등 행정 업무가 추가되었다. 복무 기간은 최초에는 시간제로 2,920시간을 근무하도록 하여 1일 4시간씩 근무할 경우 2년, 1일 8시간씩 근무할 경우 1년이 된다. 1973년부터 복무 기간은 1일 8시간씩 1년으로 통일하고 독자獨子 (외아들) 사유 등으로 인한 복무단축자는 6개월로 하였다. 이후 복무 기간은 1982년부터 14개월로, 1986

년 18개월로 연장되었지만, 여전히 현역복무자(당시 26개월)에 비해 현저히 짧았다.

1970년에는 현재의 전환복무요원에 해당하는 전투경찰대원 제도가 신설되었다. 1·21사태 이후 북한 위협에 대한 불안감은 국내 치안 분야에서도 대간첩작전 지원이 필요하다는 인식으로 확산되었다. 이에 정부는 1970년 12월 31일 「전투경찰대설치법」을 제정하면서 '전투경찰대원 귀휴帰休특례' 제도를 신설한다. 현역병으로 입대한 사람 중 기초 군사훈련(2개월)을 마친 자를 대상으로 국가가 강제로 차출하여 경찰 등 국내 치안을 목적으로 하는 기관에 복무하게 하였다.[3] 이후 몇 차례의 「병역법」 개정을 통해 전투경찰대원의 임무에 경비(1975년), 치안업무보조(1980년) 임무가 추가되었다.

현재의 산업기능요원이나 전문연구요원에 해당하는 산업지원 병역특례제도도 1970년대 집중적으로 신설되었다. 박정희 정부에서는 중공업·과학 분야 연구 인력을 육성하고 고급 과학기술인력의 해외유출을 억제하기 위하여 연구 중심 이공계 대학원인 한국과학원(현재 KAIST) 학생에게 병역특례를 부여하였다. 이를 위해 1973년 「병역특례법」을 제정하면서 병역자원 수급에 지장이 없는 범위 내에서 국가산업발전을 위해 특수한 기술 분야나 연구기관에 종사하는 자는 관련 기관에 일정 기간 복무하면 병역의무를 마친 것으로 보게 하였다. 공식적으로 '병역특례' 명칭이 최초로 사용된 것이다. 한국과학원 졸업자와 방산·군수업체 종사자에 대한 병역특례는 이후 다양한 특례보충역제도로 확대되었다.

　마지막으로 공중보건의사 등 전문자격자의 대체복무도 1979년에 최초로 도입되었다. 본래 군법무관·군의관·군종장교 등 특수 전문 분야 인력은 창군 당시부터 인력 확보가 어려웠기 때문에 이들이 관련 분야 자격을 취득하는 단계에서부터 국가가 별도로 병적 관리를 해왔다. 그러던 중 1970년대 후반부터 의과대학 정원이 증가하면서 한정된 군의관 수요를 충족한 다음 잉여 의사 인력이 발생하였다. 이에 국민 보건 향상에 기여하기 위해 잔여 인원에 대한 병역특례 방안이 제기되었다. 정부는 1978년 12월 5일 「병역법」을 개정하고 의사·치과의사의 자격이 있는 의무사관후보생 중 현역 군의관 수요를 충족하고 남는 인원에 대해서 군 이외 의료기관에서 3년간 대체복무를 하도록 하였다.[4] 이것이 바로 현재의 공중보건의사제도이다.

3　　　　　　　　　　　　　　　　　　　　전두환 정부: 1980~1987년

전두환 정부 시기는 병역자원 청년 인구가 급증한 시기였다. 이에 따라 현역병들의 복무 기간을 단축하고 병역면제도 대폭 확대하였다. 또한 이전 1970년대에 신설된 각종 병역특례 제도가 대부분 유지되는 가운데 일부 제도가 추가로 신설되고 복무 인원도 증가하였다. 특히 자연계연구요원, 자연계교원요원, 특수전문요원 등 일부 고학력자들이나 특정 학교, 특정 분야 대학원생들을 위한 병역특례제도가 집중적으로 신설된 것이 특징이다.

먼저 '전환복무요원'으로 기존 전경(1970~)과 해경(1970~) 외에 1980년대 초 교정경비교도대원(1981~)과 의무경찰대원(1982~)이 추가된다. 현재의 예술체육요원 병역특례에 해당하는 학술·예체능 특기자 특례보충역제도는 1973년 「병역특례법」 제정 당시부터 규정이 있었으나 시행되지 않다가 1981년 11월 7일 「병역특례법」 시행령 개정을 통해 구체적 요건과 대상을 정하였다.[5] 이로써 예체능 특기자 병역특례도 1980년대에 비로소 활용되기 시작한다.

산업지원 병역특례도 농업생산성 증대 및 자연과학 분야 인력 양성을 위해 다양한 특례 분야가 추가되었다. 기존 한국과학원생 병역특례에 부가하여 1981년 4월 17일 「병역특례법」 개정을 통해 '자연계연구요원 특례'가 신설된다. '자연계연구요원 특례'는 직접 산업체에서 관련 연구 업무에 종사하는 자에 대한 병역특례로서 현재의 연

〈표 7-1〉 전두환 정부 때 신설된 전환복무 및 병역특례제도

분야	제도 명칭	신설 년도
전환복무	교정경비교도대원	1981
	의무경찰대원	1982
산업/전문연구 지원	자연계교원요원	1980
	자연계연구요원	1981
	특수전문요원	1981
	농촌지도요원	1981
	기술기능특기	1983

구소 근무 전문연구요원제도에 해당한다. 당시 과학기술처 주도로 기획된 병역특례 방안에 의해 도입되었다.[6] 1982년 기업 부설 연구기관에 종사하고 있던 병역미필자들 173명이 자연계연구요원으로 최초 선발되었다. 이후 자연계연구요원 신청자가 급증하자 1985년부터 연간 1,000명으로 배정 인원을 제한하고, 업종별로 인원을 배분하기 시작하였다.

'자연계교원요원 병역특례'도 신설되었다. '자연계교원요원'은 중·고등학교에서 부족한 자연계 교사 인력을 확보하기 위하여 자연계대학 졸업 현역병 입영대상자에 대해 현역병으로 단기간 복무 후 학교에서 일정 기간 교사로 복무하게 한 제도이다. 자연계교원요원은 최초에는 서울대학교 대학원 자연계열 학과생을 대상으로 선발하여 졸업 후 현역병으로 1년 복무 후 귀휴시켜 교직에서 2년간 복무하도록 하였다. 1982년부터 이들의 현역복무 기간을 6개월로 단축하고 2년 6개월간 교사생활을 하도록 하였다.

'특수전문요원제도'는 국내 및 외국대학원에서 석사학위를 취득한 자 중 우수한 자에 대하여 자율적인 학술연구 기회를 부여하기 위해 1981년 신설된 병역특례이다. 석사학위 취득 후 4개월간의 기초 군사훈련과 2개월간의 장교 복무를 마치면 병역의무를 마치게 해주었다. 실제는 6개월간만 복무했기 때문에 소위 '석사장교제도'라고 일컬어졌다. 동 제도는 서울대생에 대한 자연계교원요원 특례가 신설되자 다른 대학원생에게도 병역특례를 부여하자는 주장이 국회 등 사회

지도층을 중심으로 제기되면서 급조되었다. 선발 인원은 연간 2,000명 범위 내에서 문교부장관이 국방부장관과 협의하여 대학원 석사과정 정원의 20% 이내로 정하도록 하였다.

4   노태우 정부: 1988~1992년

1988년 노태우 정부 출범 이후 1990년대에는 냉전 종식으로 국제적 수준의 위협이 감소하고 한반도에서도 위협의 성격에 변화가 온 시기였다. 특히 1988년 노태우 정부가 출범하고 국정감사제도가 부활하면서 정부의 정책이나 잘못된 제도를 지적하고, 정부는 이에 대해 개선책을 마련, 보고하는 시스템이 비로소 갖춰지기 시작했다.

그동안 정권이나 정부 중심의 정책의지와 목적에 따라 신설, 확대, 운용되어온 병역특례제도에 대한 시정 및 개선 요구가 많았다. 현역병의 복무와 관련한 기본 병역제도보다 방위병, 병역특례 및 병역 비리에 집중되었다. 국회를 중심으로 그간 방만하게 운용해왔던 병역특례제도에 대한 비판과 정책개선 요구가 집중 제기되었다. 정부도 국정감사에서 의원들의 시정 요구 사항에 대해 그 조치 결과를 보고해야 하기 때문에 제도적 개선을 진행하였다.

정부는 병역특례제도에 대한 비판을 반영하여 1989년 12월 31일 「병역의무의 특례규제에 관한 법률」(법률 제457호)을 재[再]제정하였다.

병역특례의 범위를 축소하고, 9개의 특례제도를 유사성을 기준으로 연구요원, 기능요원, 공중보건의사 3개의 제도로 통폐합하였다.[7] 특히 소위 석사장교라고 불렸던 '특수전문요원'에 대해 대표적인 병역특혜로 폐지해야 한다는 요구가 컸다. '자연계교원요원' 역시 대학과 교사 수 증원으로 필요성이 감소하였다. 논란 끝에 1989년 12월 30일 「대학원졸업생 등의 병역특례에 관한 특별조치법」을 폐지하면서 석사장교제도와 자연계교원요원제도를 폐지한다.

다른 한편 노태우 정부 초기 병역정책과 달리 1990년대 초부터 산업체 인력난이 심각해지면서 업체에서 산업기능요원 지원을 확대해 달라는 요구가 이어졌다. 이에 병무청은 1991년 9월 「병역특례법」 시행령을 개정하여 산업기능요원 특례를 확대하였다. 그 결과 1991년 2,500여 명에 불과했던 산업기능요원은 1992년 1만 2,000여 명, 1993년 2만여 명으로 대폭 확대된다.[8]

5   **김영삼 정부: 1993~1997년**

김영삼 정부는 본격적인 문민정부가 시작된 시기로 병역정책에 있어 이전 정부와는 다른 성향을 보였다. 1989년 재제정된 「병역의무의 특례규제에 관한 법률」을 다시 「병역법」에 통합하여 병역관계 법률을 일원화하였다. 이런 배경을 토대로 1993년 12월 전면 개정된 「병역법」은 그 내용과 범위 면에서 대폭적인 변화를 담고 있었다.

1994년의 병역제도 개편은 이전과 다른 양상으로 이후 20여 년간의 병역자원 수급에 영향을 미치고 있다는 점에서 주목할 만하다. 먼저 방위병제도를 폐지하였다. 이는 1980년대의 누적된 잉여자원 문제와 각종 병역비리 및 특혜에 대한 정책 대응이었다.

한편 용어상 '특례보충역'이라는 용어 자체가 병역의무의 형평성 차원에서 부적절하다고 판단하여 병역특례 명칭을 모두 삭제하고 명칭을 바꾸면서 개별 제도로 분리 규정하였다. 연구요원 특례는 '전문연구요원'으로, 기능요원 특례는 '산업기능요원'으로, 공중보건의사 특례는 '공중보건의사' 등으로 새로 정의하였다. 병역특례라는 법상 공식 명칭이 폐지되면서 이때부터 각종 특례를 통합하여 부를 수 있는 공식 용어는 사라졌다. 그러나 명칭만 바뀌었지 해당 제도는 그대로 유지되고 있었기 때문에 다양한 특례 복무를 통칭하기 위해 대체복무라는 용어를 비공식적으로 사용하기 시작한다.

방위병제도는 병역자원의 지역별 불균형과 출퇴근복무로 인한 사고 발생 및 병역의무 이행 형태의 차이 등으로 계속 사회적 문제가 되고 있었다. 이에 따라 국방부에서는 1990년대 초부터 방위병제도의 폐지를 적극적으로 검토하기 시작하였고, 1993년 김영삼 정부 출범과 함께 대통령 정책으로도 반영하였다.[9] 1993년 방위소집제도 폐지와 공익근무요원제도 신설을 골자로 하는 「병역법」 개정안을 의결하고, 12월 국회에서 「병역법」이 개정된다. 그 결과 방위병제도가 24년

만에 완전히 폐지되었다.

방위병 폐지로 남는 잉여 병역자원(1993년 당시 17만여 명)에 대해 "예외 없는 병역의무 부과를 위해" 공익근무요원제도와 상근예비역제도를 신설하였다.[10] 신설된 '공익근무요원'은 "국가기관 또는 지방자치단체의 공익목적 수행에 필요한 경비·감시·보호 또는 행정 업무 등의 지원과 국제 협력 또는 예술·체육의 육성을 위하여 소집되어 공익 분야에 복무하는 사람"으로 정의되었다.[11] 공익근무요원에는 행정관서요원과 국제협력요원 그리고 예술·체육요원 세 가지 유형이 포함되었다.

6   김대중 정부: 1998~2002년

김대중 정부에서는 병역정책과 대체복무의 제도적 수준의 변동보다 대체복무 인력 규모가 대폭 확대되었다. 특히 벤처기업 육성정책에 따라서 벤처기업에 근무할 수 있도록 병역특례 자리를 확대하였고, 요건도 완화하였다.[12] 이는 김대중 정부가 1997년 말 IMF 사태 직후 출범하여 산업체의 다양한 요구를 수용할 수밖에 없었던 것이 주요 배경으로 이해된다. 노태우 정부 말기부터 계속된 대체복무 확대 조치의 결과, 산업기능요원 및 전문연구요원 대체복무자는 1991년 2,500여 명에서 급증하기 시작하여 1994년 2만 8,000여 명으로 확대된다. 이후 2002년까지 10여 년간 연 2만 5,000명에서 3만여 명 수준을 안정적으로 유지하였다.

그러나 김대중 정부 말기인 2002년 6월, 국방부는 미래 병역자원 수급 전망 분석 결과, 2000년대 중반 이후 병역자원이 감소하는 추세를 확인하였다. 이에 따라 정부에서는 부족한 현역병 충원과 형평성 차원에서 대체복무를 2005년까지 단계적으로 폐지한다는 계획을 발표하였다. 2002년 당시 15만여 명에 달하는 대체복무자를 향후 3년 동안 단계적으로 축소 폐지하는 한편, 추가로 대체복무를 신설하거나 확대하지 않기로 한 것이다. 대체복무 감축 폐지의 불가피성과 감축 계획은 2003년 노무현 정부 출범 이후에도 재확인되었다.

7 노무현 정부: 2003~2007년

노무현 정부에서는 2005년 9월 발족한 국방개혁위원회에서 군 구조 개혁을 포함한 국방개혁과 병역제도 개편을 병행해 검토하였다. 특히 국방개혁뿐만 아니라 범정부 차원의 고령화사회에 대비한 노동시장과 인적자원 활용성 제고 차원에서 병역제도를 폭넓게 검토한 것이 특징이다.

병역제도 개선 방안 검토를 위해 재정경제부, 교육부, 국방부 등 범정부 차원의 '병역자원 연구기획단'이 구성되었다. 병역제도는 학업과 노동 양 측면에서 개인의 생애주기에 가장 큰 영향을 미치며 모든 청년에 해당하는 문제이므로 사회 전 분야에 미치는 파급력을 고려하여 별도의 연구단을 구성하여 전략 과제를 검토하도록 하였다. 그 결과 2007년 2월 5일 「비전 2030: 인적자원 활용을 위한 2년 빨리, 5년 더 일하는 사회 만들기 전략」(약칭 「비전 2030: 2+5 전략」)과 「병역제도 개선방안: 군 복무 및 사회복무제도」 계획이 발표되었다.[13]

사실 「비전 2030: 2+5 전략」은 노동시장, 인적자원 활용 측면 등 사회 전반적인 시스템을 점검하고 미래 추진 방향을 제시하기 위한 것이었다. 즉 병역제도의 개선과 복무 기간의 조정은 그 자체가 목적이었다기보다 국가 전체 미래 전략의 하위요소로서 검토된 것이다. 「비전 2030: 2+5 전략」의 첫 번째 과제는 노동시장 입직연령을 2년 앞당기는 것이었는데 그 핵심 과제가 병역제도의 개선이었다. 병역제도의 개선은 군 복무와 사회 복무로 이원화하고, 신체등급상 현역 판정을 받은 자원들은 예외 없이 현역 군 복무를 하도록 하였다. 군 복무하는 현역병은 복무 기간을 단축하여 사회에 빨리 진출하도록 하며, 기존 전환복무 및 대체복무는 감축·폐지하되 남는 인력은 사회복무요원으로 복무하도록 하는 것을 주요 골자로 하였다.

이후 2007년 7월 10일 정부는 국무회의에서 개선안을 더 구체화한 「대체복무 감축·폐지 계획」을 확정한다. 노무현 정부에서 대체복무를 감축·폐지하기로 결정한 이유는 두 가지 정도이다. 첫째, 다양한 대체복무제도 그 자체의 특혜성으로 인한 형평성 문제가 가장 컸다.

둘째, 현역병의 복무 기간을 단축하기 위해서는 당시 대체복무로 빠졌던 병역자원을 최대한 현역병으로 확충해야 할 필요성이 컸다.

잉여 병역자원이 있는 동안 대체복무제도 자체를 완전히 폐지하지는 못하고 대신 필요 최소한의 원칙하에 사회복무요원을 운영하기로 하였다. 즉 군 복무 하지 않는 병역의무자는 군 입대 대신 노인, 환자, 장애인 복지시설과 아동, 청소년 복지시설 등에서 복무하게 된다. 공익근무요원이 기존에 주로 행정관서에 근무하던 것을 사회복지시설 중심으로 변경한 것이다.

8   이명박 정부, 박근혜 정부: 2008~2017년

2008년 출범한 이명박 정부에서는 앞서 노무현 정부에서 결정하고 추진하기 시작한 병역정책을 대부분 조정·중단하였다. 이명박 정부의 정책기조는 박근혜 정부에서도 대부분 그대로 유지되었기 때문에 같이 서술하고자 한다.

이명박 대통령은 2008년 취임 직후 노무현 정부에서 확정한「대체복무 감축·폐지 계획」의 수정을 지시하였고, 2008년 9월「대체복무 감축·폐지 조정계획」이 국무회의에서 의결된다(〈한겨레〉, 2008.9.17.). 대체복무의 내용과 인력 규모 면에서 지원 인력을 유지하여 노무현 정부 이전의 대체복무로 환원하되, 2016년 이후 병역자원 수급 상황에 따라 폐지하도록 하였다.

병 복무 기간의 단축은 18개월을 목표로 단축이 진행되던 것을 21개월 수준에서 중단하였다. 2011년 복무 기간 단축을 중단한 결과, 병역자원의 공급 측면에서 잉여 병역자원이 한 번 더 발생하게 되었다. 사실상 복무 기간이 연장되면서 병역자원에 잉여가 발생하자 2007년에 결정한 「대체복무제도 감축·폐지계획」의 추진도 잠정 중단된다. 다만, 병역자원이 부족해지는 2020년 이후에는 대체복무를 폐지하기로 하였다. 이러한 기조는 박근혜 정부에서도 유지되었다.

한편 사회복무 계획상 군 복무를 하지 않는 자는 원칙적으로 모두 사회복무를 하기로 하였었다. 그러나 기존 공익근무요원에 해당하는 인력을 사회복무요원으로 명칭을 변경하였을 뿐 전환복무, 산업기능요원, 공보의 등 기존 개별 대체복무제도는 그대로 유지되고 있다. 아울러 사회복무는 복지기관에 중점 복무함으로써 공공성을 높이기로 하였으나, 여전히 대다수가 동사무소 같은 행정기관에 복무하고 있는 실정이다.

다만 1994년 신설한 국제협력요원제도는 2016년 1월 1일부로 공식적으로 폐지되었다. 국제협력요원제도는 컴퓨터 자격, 태권도 사범 등 일정한 요건을 갖춘 자를 선발, 해외에 파견하여 개발도상국가의 경제·사회·문화 발전 업무 등을 지원하는 제도이다. 그러나 2013년 12월 국제협력요원제도의 필요성 감소 및 군 복무 대체 범위 축소 방침에 따라 「국제협력요원에 관한 법률」 폐지안을 제출하여 확정되었다.

2017년 5월에 출범한 문재인 정부에서는 유의미한 병역제도의 변화가 진행 중에 있다. 병 복무 기간 단축, 병 봉급 인상, 소위 '양심적 병역거부'에 대한 법적 허용 그리고 병역특례 및 대체복무의 조정이 그것이다.

먼저 병 복무 기간을 2017년 당시 21개월에서 최종 18개월로 단축하는 것을 국정과제 목표로 하였다. 「국방개혁 2.0」 계획에 따라 2018년 하반기부터 단축을 진행하고 있다. 보충역 자원의 소집 적체를 해소하고 청년들의 조기 사회진출을 배려하기 위해 사회복무요원도 24 → 21개월, 산업기능요원은 26 → 23개월로 단축한다. 다만 공중보건의사, 공익법무관, 공중방역수의사는 유사 분야 현역복무자인 군의관, 법무관, 수의군의관과의 형평성을 고려하여 현행대로 36개월을 유지하기로 하였다.

그간 논란이 되어왔던 소위 '양심적 병역거부' 허용 문제도 법적으로 정리되면서 새로운 장으로 들어서고 있다. 2018년 헌법재판소에서는 그동안 입영 및 집총 거부자들에 대해 다른 형태의 대체복무를 허용하지 않았던 「병역법」 등에 대해 헌법불합치 판결을 내렸다. 또한 2020년대 초반부터 본격화될 청년 인구 감소에 대응한 대체복무도 일부 감축 조정하고 있다.

이외에도 문재인 정부에서는 병 봉급의 단계적 인상, 병 일과 후 휴대전화 사용, 평일 외출·외박 허용 등 병영 문화 측면에서 유의미한 변화가 진행되고 있다. 먼저 병 봉급을 2022년까지 최저임금(2017년 기준)의 50% 수준으로 단계적으로 인상할 것을 국정 과제로 삼았다. 이에 따라 2017년 초 21만 6,000원이었던 병장 급여가 2019년엔 40만 5,700원으로 인상되었다. 또한 현역병들이 군 복무 기간에 사회와 단절되는 것을 완화하고 병영생활을 개선하기 위해 일과 후 휴대전화 사용도 허용하기 시작하였다. 시행 초기라 일부 문제도 식별되고 우려의 목소리도 있다. 그럼에도 불구하고 군인들에게 보다 많은 자율성을 주려는 시도는 궁극적으로 우리 군을 좀 더 건강하고 튼튼한 군으로 변모시킬 것으로 기대된다.

병역자원
수급 구조

CHAPTER 8

한 나라에서 모두가 군에 가는 것이 좋은가? 필요한 만큼 최
소한만 가는 게 좋은가? 징병제를 유지하는 나라에서는 모
두가 군에 가는 것이 정의로운가?

'병역자원의 수급需給'이란 병역의무 대상이 되는 병역자원
인구의 공급과 군의 수요 간 균형 관계를 말한다. 병역자원
수요·공급에 있어 균형은 과연 존재할까? 균형에 도달하면
정의로운 것일까? 정의로우면 이것은 지속 가능할까?

병역자원 수급의 논리 구조

1   병역자원 수요·공급의 기본 논리 구조

병역제도는 기능적으로 공급 측면의 병역자원과 수요 측면의 군 병력 규모를 연결하는 매개 제도이다. 징병제 국가에서는 대부분의 청년이 군에 복무해야 한다는 원칙상 군에 갈 인구 규모와 군 수요가 일치하는 것이 이상적이다. 그러나 어느 시대 어느 나라든 병역자원의 수요와 공급이 일치하는 경우는 찾기 어렵다. 그 이유는 병역자원 수요와 공급 두 측면이 결정되는 원리가 전혀 다르기 때문이다.

흔히 경제학에서 배우는 완전경쟁시장의 경우, 상품의 수요 공급에 따라 가격이 결정되고 이에 따라 유통량이 변한다. 그러나 병역자원의 수급 구조는 근본적으로 서로 다른 원리로 형성된다. 먼저 공급 측면에서 병역자원은 일반적으로 병역을 이행할 수 있는 병역의무 대상자를 일컫는다. 한국에서는 「병역법」상 병역의무가 있는 18~35세 사이의 대한민국의 남자가 이에 해당한다. 그러나 대개 19~20세를 전후로 군대에 가기 때문에 이들은 대략 19~20년 전에 태어난 사람들이라 할 수 있다. 즉, 병역자원으로서의 남자 인구는 과거 출산율에 따라 이미 결정되어 있다. 예를 들어 2018년에 태어난 사람은 2037년경 병역판정검사(구 징병검사) 대상이 되고 대개 2038년부터 입대를 시작한다. 병역자원으로서 청년 인구는 이미 20여 년 전의 출생률에 따라 결정된 것이다. 지금의 군 병력이나 위협 혹은 안보 전략 변화에 따라 이들 병역자원 인구를 변화시킬 수는 없다.

반면, 병역자원의 수요는 군 병력 규모로서 현재의 안보 위협, 군의 기본 병력 구조와 무기 체계, 재정 여건, 군 운용 시스템에 따라 달라진다. 특히 매년 현역 수요는 주로 상비군 규모, 군에서 의무병 집단이 차지하는 비율 그리고 복무 기간 세 가지 요소로 결정된다. 한국은 북한의 위협이 계속되는 특수한 안보 환경에서 상비군 규모와 병 집단 규모가 모두 큰 변동 없이 안정적 수준을 유지해왔다. 매년 입대하는 현역병들의 총수요는 군 병력 규모에 비례하고, 복무 기간에 반비례한다. 따라서 한국에서 의무병 수요는 복무 기간의 직접적 영향을 받아왔다고 할 수 있다. 연혁적으로 보면 한국에서 병 수요의 안정적 증가는 병 복무 기간의 점증적 단축에 따른 결과이다.

이번 장에서는 1970년대 이래 지금까지 병역의무 대상자 중 군 복무
인력이 변동하는 추세를 분석하고자 한다. 병역자원의 수급 구조를
보여주는 실증 분석을 하려면 병역자원의 측정이 중요하다. 그러나
병역자원의 정의와 측정 방법은 학자마다 연구 목적마다 조금씩 다르
다. 따라서 이 책에서 사용한 공급 측면에서의 병역자원의 정의와 방
법론을 먼저 명확히 하고자 한다. 또한 인구 데이터 등 실증자료의 확
보와 측정의 용이성을 종합적으로 고려하여 연구 대상을 한정할 필요
가 있다.

첫째, 이 책에서는 병역자원과 병역가용자원을 엄밀히 구분하지 않
고 일반적 의미에서 "병역의무 대상이 되는 일정 연령대의 남자 인구"
를 '병역자원'으로 정의하고자 한다.[14] 학자에 따라서는 병역자원과
병역가용자원을 엄밀히 구분하여 병역가용자원은 "현역으로 입대 가
능한 자"로 한정하기도 한다. 그러나 이 책에서는 병역자원의 수급 구
조에 대한 폭넓은 이해를 돕기 위해 일반적 의미의 병역자원을 사용
하고자 한다.

둘째, 측정을 위한 병역자원을 18~35세까지의 남자 인구 전체로
할지, 특정 연령의 남성들을 대상으로 한정할지도 방법론적 선택이
필요하다. 어느 것으로 하든 다 맞는 말이나, 1970년 이래 매년 병역

자원과 군 복무 인력의 실제 규모 추세를 파악하기 위해서는 연도별 데이터가 필요하다. 연도별 데이터로는 19세 남성들이 받게 되는 징병검사자 통계를 사용하는 편이 좋다. 연도별 징병검사자 통계는 동일 연령의 인구를 대상으로 하기 때문에 분석의 간결성을 확보할 수 있고, 매년 구분되어 연도별 비교 분석이 가능하다. 또한 40여 년 이상의 장기 시계열 분석을 할 수 있다는 장점이 있다.

이와 관련하여, 미국에서 병역제도의 정치경제학적 분석틀을 마련한 것으로 평가되는 시카고대학의 월터 오이 경제학 교수도 병역자원 수급 분석에서 대상 인구를 어느 범주로 한정할지 어려움을 토로한 바 있다.[15] 그는 1960년대 당시 미국 징병제하에서 그 이전 시기까지 병사들의 입영 추세를 분석하고 향후 모병제로 전환시 지원율 예측 및 급여 수준을 설계하고자 하였다. 이를 위해 연도별로 측정할 수 있는 데이터가 필요하였다. 고민 끝에 오이 교수는 특정 연도에 태어난 동일 연령 인구로 한정하기로 하였다. 특정 연령의 인구로 한정하면 연도별 비교가 가능하며, 과거의 입영 추세와 미래의 지원병 전망을 동시에 할 수 있다는 장점이 있다. 이 책에서도 월터 오이 교수의 방법론을 기본적으로 참조하였다.

다만 위 방법론은 2017년에 신검을 받은 사람이 모두 그해에 입대하는 게 아니라는 한계가 있다. 연령별로는 대개 20~21세경에 입대한다. 이는 보통 대학 1학년 시기로 현역병 학력상 대학생이 높아지면서 연령별 쏠림현상이 심화되고 있다. 따라서 연도별 징병검사자 중 현역병 입영비율 분석시에는 1년 정도의 시차를 감안할 필요가 있다. 즉 20세의 청년 홍길동이 2018년에 입영할 경우, 그가 신체검사를 받은 시기는 2017년이고, 비교 대상인 모수 통계는 2017년 징병검사자 통계(당시 19세)를 사용함으로써 병역자원 수급 비교 분석의 정합성을 확보하고자 노력하였다.[16]

2

한국의 병역자원 수급 추세 분석

1   병역자원 인구의 변동

〈그림 8-1〉은 1960년대 이래 징병신체검사를 받은 동일 연령 병역자원의 변동 추세를 분석한 것이다. 그동안 신체검사 인원, 즉 19세 남자 인구의 총 규모는 매년 35만~60만여 명까지 등락폭이 컸으며, 평균적으로 35만 명에서 45만 명 규모 수준을 유지하였다.

    1960년대 중반부터 1980년대 중반 기간에 병역자원으로서의 남자 인구는 계속 증가 추세를 보였다. 특히 1982년부터 1984년 기간에 신체검사자, 즉 19세 남자 인구의 규모가 61만여 명 수준으로 그 전후 40만여 명에 비해 현저히 높았다. 이는 19세 인구를 기준으로 한 것으로 높은 인구수는 대략 20년 전의 높은 출산율에 기인한 것이다. 전쟁 종료 후 1960년대 초반 아직 가족계획이 본격화되기 전 몇

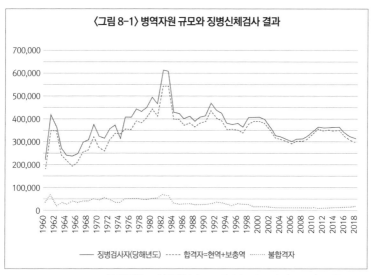

〈그림 8-1〉 병역자원 규모와 징병신체검사 결과

——— 징병검사자(당해년도) ----- 합격자=현역+보충역 ········ 불합격자

* 자료: 병무청(2010) 〈병무행정사〉 I ~ IV권 및 각 군의 1차 자료(~2018년)를 종합하여 작성

년간 출산율이 높아졌으며, 이것이 1980년대 초반 병역자원 인구의 급증으로 나타난 것으로 추정된다. 1994년 이래 매년 병역자원은 30만~38만여 명 수준으로 감소하는 추세이다.

병역자원 수급 분석에서 일시적이고 예외적인 현상과 일반적인 추세를 구분할 필요가 있다. 제1장에서 언급하였듯이 최근 2014년경부터 몇 년간 군대 갈 사람들이 많아서 원하는 시기에 군에 들어가기 힘들었던 소위 '입영 적체' 현상은 몇 년 동안의 예외적인 현상이다.[17] 1990년대 초·중반기의 높은 출산율에 따라 최근 병역자원이 증가하면서 2013년경부터 2017년까지 병역자원이 매우 많았다. 병역자원(징병검사를 받게 되는 19세 남성)은 2018년부터 다시 감소하기 시작하여 현재는 연간 31만여 명 수준이다.

한편 앞서 제3장에서 설명하였듯이 병역자원 인구 중 군 복무 적합자(합격 = 현역＋보충역) 및 불합격자의 비율이 비교적 안정적 수준을 유지해왔음을 확인할 수 있다. 군 복무 적합자들은 신체검사 결과 '현역'뿐만 아니라 '보충역'까지 모두 현역 군 복무에 적합하다고 판정된 자원들이다. 군 복무 합격자 비중은 1960~1970년대 84%, 1980년대 90%, 1990년대 94%, 2000년대 이후 95~96% 수준을 유지하고 있다.

신체검사에서 군 복무에 부적합한 것으로 판정받는 '불합격자' 비율은 비교적 일정하다. 엄밀히 말하면, 이는 신체적 사유로 군 면제를 받는 인원들을 최소 수준으로 안정적으로 제한해왔다는 편이 더 맞을 것이다. 사전적^{事前的} 병역면제 비율은 1960~1970년대에 15%대를 유지하다가 1980년대 10% 수준으로 감소한 이후 1990년대부터 지금까지 약 4~5% 수준을 유지하고 있다. 이는 정부가 신체검사 기준에 따른 병역면제 비율을 장기간 안정적으로 관리해왔다는 방증이다.

한편 1970~1980년대 기간 동안 대체복무의 대부분을 차지한 방위병은 연간 입영 수요가 10만 명 수준이었는데 매년 새로 보충역에 편입되는 인원이 거의 20만 명에 육박했기 때문에 방위병 대상(보충역) 자원도 계속 적체되었다. 잉여자원의 누적은 1980년대에 규모가 더 커져 사회적으로도 각종 병역비리와 특혜가 문제가 되었다. 이에 1990년대가 되자 병역제도의 대대적 개편이 요구되었다.

역사와 쟁점으로 살펴보는 한국의 병역제도

군 수요에는 현역병 수요 인원과 장교 및 부사관으로 입영하는 간부 수요 인원이 모두 포함되어 있다. 한국군 규모는 6·25전쟁 이후 72만 명 수준을 유지하다가 1958년 한·미간 63만 명 수준을 넘지 않는 것으로 합의한 이래 병력 규모와 의무병 비중이 안정적으로 유지되어 왔다. 군 전체 규모도 변동이 없고 의무병 규모도 거의 변동이 없었으므로 간부 신규 획득 수요도 매년 일정하였다. 간부 수요는 매년 신규 획득 인원이 7,000~1만 2,000여 명으로 편차가 있지만 대략 평균 1만여 명 수준으로 볼 수 있다.

〈그림 8-2〉는 연도별 징병검사자 중 현역병과 간부로 군 복무하는 인력의 변동 추세를 보여준다.[18] 1970년대부터 1990년대 초반까지

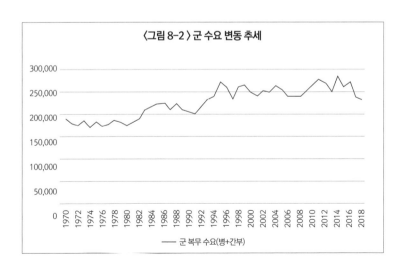

PART 03 한국 병역제도의 변동 연혁과 수급 구조

연간 현역 입영 수요는 17만~20만여 명이었다. 이는 군 규모가 63만 ~65만여 명 수준에서 일정했고 복무 기간이 3년 정도로 길었기 때문이다. 또한 총 병력 중 병사 집단이 차지하는 규모도 대략 50만~53만여 명으로 총 병력의 70~75% 수준을 유지했다. 1994년을 전후로 병 복무 기간이 단축되면서 연간 현역 수요가 증가한 후 현재까지 군 수요는 매년 20만~25만여 명 규모를 유지하고 있다. 현역 수요는 군의 수요만큼 입영시켰기 때문에 실제 현역 입영 현황과 일치한다.

역사와 쟁점으로 살펴보는 한국의 병역제도

3

병역자원의 수급 불균형

병역자원 수급 균형의 결과는 기본적으로 불균형이다. 앞서 이론적으로 설명하였듯이 병역자원의 수요와 공급은 각각 결정요인이 달라 균형을 이루기 어렵다. 실제로도 그러한지 한국에서 연도별 현역 수요와 징병검사자 공급간 변동 추세를 한 그래프에 그려보았다.

〈그림 8-3〉(184쪽)에서 위에 있는 선 A는 병역자원 공급 인원으로 각 연도별 징병검사자이다. 아래 있는 선 B는 현역 수요 인원으로 각 연도별 현역 수요이자 실제 입대 인원이다. 한국군의 병력 규모가 안정적인 상황에서 병역자원 인구가 군 수요보다 항상 많았다. 그 결과 군에 복무하지 않는 남자들이 잉여자원으로 계속 누적되어 왔다. 〈그림 8-3〉을 통해 병역자원 인구 공급이 군 수요보다 많아 잉여자원이 매년 누적되는 수급 불균형 현상을 확인할 수 있다.

어느 시기에도 병역자원의 수급이 완전 균형을 보인 시기는 없었다. 특히 인구가 많았던 시기에 수요·공급 간 격차가 크게 나타나 1970년대 중반부터 1990년대 초반까지 약 20년간 불균형 상태가 두드러진다. 대표적으로 1983년 병역자원이 61만 4,800여 명일 때, 현역 입대자는 약 21만여 명에 불과했다. 3분의 1 정도만 현역으로 군 복무를 했다는 의미이다. 점차 병역자원 인구가 감소하면서 2004년경부터 2012년경까지는 군 복무 인원이 병역자원 규모에 상당히 근접하기도 하였다. 이후 2014년을 전후로 몇 년간은 다시 병역자원 인구가 일시적으로 급증하여 상대적으로 군 복무 인원의 비중이 줄어들었다.

제5장에서 설명하였듯이 병역제도의 성격을 알 수 있는 중요 지표로 동일연령 병역의무 대상자 중 매년 현역으로 입영하는 비중, 즉

〈그림 8-3〉 병역자원의 수요·공급 변동 추세[19]

역사와 쟁점으로 살펴보는 한국의 병역제도

'군 복무율'이 있다. 군 복무율은 분모를 어떻게 잡느냐에 따라 결과가 달라지는데 분모 값을 정확히 산정하는 데 드는 어려움은 앞에서도 설명한 바 있다. 이 책에서는 분석 편의상 분모에 해당하는 병역자원을 전년도 징병검사자로 하였다. 대부분 바로 그 다음해에 현역으로 입영하기 때문이다. 그러나 여전히 1~2년의 편차가 있을 수 있기 때문에 정확한 군 복무율은 아니라는 점을 거듭 밝힌다.

〈그림 8-3〉에서 동일연령 병역자원(A) 중 순수하게 군에 입대한 인력(B)의 비중(B/A)은 연도별로 큰 편차를 보인다. 1970년대 이래 군 복무율은 상당히 낮은 수준을 유지해왔고, 1971년 56%에서 인구가 점차 급증하면서 1970년대부터 1990년대 초반까지 30~40%의 낮은 수준을 유지하였다. 특히 병역자원이 많았던 1983년 군 복무율은 34%에 불과했다. 이후 군 복무율은 1994년 58%, 2002년 65%, 2005년 80%까지 상승하였다. 2012년 이후 일시적으로 병역의무 대상자가 많아져 2018년 군 복무율(병+간부)은 대략 72% 수준을 보였다. 군 복무율은 연간 전체 병역의무 대상자 중 군에 입대한 현역병과 신규 간부를 계산한 것이다. 여기에 매년 상근예비역(병) 입대자 1만 6,000여 명을 포함할 경우 수치가 3~4% 정도 상승할 수 있다.

〈그림 8-3〉에서 A-B 만큼의 규모가 병역자원(A) 중 매년 순수한 군 복무 입대 인원(B)를 제외하고 남는 순수한 잉여자원의 규모이다. 여기서 '순수한 잉여자원'이란 매년 병역자원 중 군 복무하는 인원을 제외한 나머지 인원을 의미한다. 1970년대부터 최소 20만~30만

여 명의 잉여 인력이 매년 발생하였다. 순수한 잉여 병역자원의 비중은 1972년 43% 수준에서 점증하다가 1980년대 초반 병역자원이 급증한 시기부터 1990년대 초반까지 60~65% 수준을 유지하였다. 특히 인구가 많았던 1980년대 초반에는 연간 잉여 인력이 40만여 명까지 발생하였고 이는 현역 수요의 두 배에 해당하는 수준이었다. 가장 인구가 많았던 1983년의 경우 34%만 군에 복무하고, 나머지 66%는 순수한 잉여 인력이 된 셈이다. 1994년 이후 전반적인 인구 감소와 복무 기간 단축으로 군 수요가 증가하였다. 그 결과 순수 잉여 병역자원 규모가 계속 감소하였다.

역사와 쟁점으로 살펴보는 한국의 병역제도

4

병역자원 수급 불균형에 따른
정책 대안

국방대학교 김노운 교수는 병역자원 수요·공급 관계에 따른 병역제도의 변화를 아래 〈표 8-1〉로 단순화한 바 있다.[20]

〈표 8-1〉의 내용은 모든 청년 인구를 병역자원으로 활용한다는 것을 기본 논리 구조로 두고 있다. 모든 병역의무 대상자는 어떤 식으로든 병역의무를 이행해야 한다. 완전수요 독점자로서의 군대가 청년 인구를 먼저 징집하고 잉여자원이 발생하면 병역특례 같은 대체복무 활용처를 마련하여 병역의무를 해소한다. 반대로 사람이 모자라면 복

〈표 8-1〉 병역자원 수급과 병역제도 변화의 관계

병역자원 수급	병역제도 변화
병역자원 〉 군 수요	잉여자원 발생으로 복무 기간 단축 또는 대체복무 확대
병역자원 = 군 수요	적정 병역제도 운영
병역자원 〈 군 수요	부족 자원 충원 노력, 복무 기간 연장, 대체복무 축소·폐지

무 기간 등을 연장한다는 논리이다. 이것이 상기 기본 논리 구조의 한계이자, 어쩌면 우리가 기억해야 할 병역자원 수급 구조의 본질이다.

즉, 징병제 국가에서 병역자원 수급은 본질적으로 균형을 이루기 어려우며, 대개는 병역자원 공급이 항상 많아 잉여자원이 발생한다. 따라서 이 잉여자원의 처리 문제 혹은 누가 군대에 갈 것인가의 문제가 징병제 국가의 오래된 과제였다. 잉여자원 문제에 대한 병역정책적 대안으로는 대체복무, 복무 기간 조정, 병역면제가 있다. 이 세 가지 정책 대안은 상호 보완적인 관계를 갖는다.

한국에서는 잉여 병역자원 문제를 해결하기 위해 위 세 가지 병역정책을 어떻게 활용해왔을까? 먼저 잉여자원 여부에 따라 병 복무 기간을 단축하거나 연장하기보다 그 자체가 군사전략적 중요성으로 인식되어 쉽게 조정하기 어려웠다. 안보 상황에 따라서 복무 기간 자체가 독립변수로 작용하기도 하고 실제로 인구가 많을 때 더 늘어났다. 병역면제는 정부에 따라 면제 인원에 편차가 있으나 병역의무 형평성 논란이 늘 부담으로 작용해왔다. 그래서 한국에서는 잉여자원 문제에 대한 해결책으로 대체복무나 병역특례제도를 주로 활용해왔다.

역사와 쟁점으로 살펴보는 한국의 병역제도

한국에서는 병역자원 수급 불균형에 따른 잉여자원을 해소하기 위해 1970년대 이래 다양한 대체복무제도를 신설하고 확대해왔다. 즉 정책적으로 '군 복무 적합자' 중 군 수요를 채우고 남는 인원들에 대해 대체복무를 확대하는 방법을 활용해왔다. 정부의 「병역특례법」 제정 이유 및 각종 대체복무제도 도입시부터 잉여자원 해소라는 제도 도입 목적이 일관되게 확인되고 있다.

〈그림 8-4〉는 1970년대 이래 군 복무와 대체복무를 모두 포함한 복무 인원의 변동 추세이다. A는 연도별(전년도) 징병검사를 받은 병역의무 대상자이고, B는 연도별 군 입대 복무 인원이며, C는 연도별 전환복무, 대체복무, 병역특례를 모두 합친 인원으로 용어는 대체복

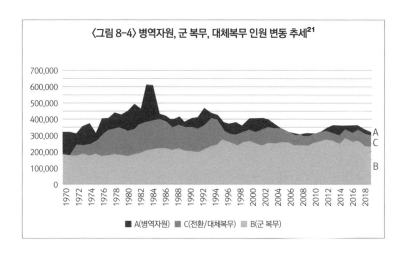

〈그림 8-4〉 병역자원, 군 복무, 대체복무 인원 변동 추세[21]

무로 통일해 쓰고자 한다.

분석 결과, 병역자원 중 군 복무자를 제외한 순수한 잉여자원(A-B) 중에서 대체복무 인력(C)은 규모가 비교적 크고, 군 복무자에 비해 적지 않았음을 알 수 있다. 군 복무자(B)는 안정적으로 점증하는 반면, 대체복무자(C)는 시기별로 변동 폭이 컸다.

대체복무자의 경우, 총 규모는 1994년을 전후로 차이가 크다. 1970~1994년 대체복무 총 인력 규모는 13만~15만 명 수준이었다. 1970년대와 1980년대 잉여자원의 과다 발생으로 대체복무가 집중적으로 확대되었다. 총 병역자원의 규모도 많고, 대체복무와 군 복무 인원 규모가 거의 1대 1 규모로 하였다. 이는 매년 군 복무하는 인원 규모 수준의 사람들이 대체복무 또는 병역특례 형태로 복무했다는 의미이다.

반면 1994년 방위병제도를 폐지한 시점을 전후로 차이점이 뚜렷하다. 1994년 이후 순수한 잉여자원(A-B)의 총 규모 자체가 감소하면서 대체복무 규모도 이전 시기에 비해 감소하는 추세를 보인다. 대체복무 연간 총 배정 인원은 1995년 6만여 명에서 점증하여 2003년에는 10만여 명까지 증가하였다. 이후 2005년을 전후로 다시 감소하기 시작하여 5만~6만 명 수준으로 줄었고 현재까지 비슷한 수준을 유지하고 있다.

1994년 당시 방위병 폐지로 발생한 잉여자원은 일부는 현역병, 일부는 상근예비역(현역) 그리고 공익근무요원(보충역) 신설 및 병 복

역사와 쟁점으로 살펴보는 한국의 병역제도

무 기간 조정을 통해 완전히 해소할 수 있다고 판단하였다.[22] 실제로 1994년 직후 군 복무와 대체복무를 합한 병역의무 이행자의 규모가 전체 병역자원에 거의 일치한다. 이는 1994년 직후에는 잉여자원 문제를 해소하기 위해 각종 대체복무를 신설한 정부의 판단이 어느 정도 타당하였다고 평가할 수 있는 부분이다.

그러나 곧 최종적 잉여자원$^{A-(B+C)}$은 다시 일정 규모 이상으로 증가한다. 1994년 직후에는 잉여자원 해소에 성공하고 균형을 이룬 것으로 보였으나, 잉여자원은 다시 1995년부터 증가하기 시작하여 2003년까지 평균 6만여 명 수준을 유지하였다. 즉 군 복무와 대체복무를 모두 제외하여도 연평균 병역의무 대상자의 15% 수준이 최종적 잉여자원으로 남는 것이다. 최종적 잉여자원 규모는 2005년 전후 병역자원이 급감한 시기에 일시적으로 줄어들기도 하였다.

이는 1994년 각종 대체복무제도의 변경과 신설을 통해 잉여자원을 완전히 해소할 수 있다고 한 정부의 예측과 달리, 실제는 그렇지 못하였다는 것을 보여준다. 병역자원의 잉여 현상이 기본적으로 병역자원 수급 불균형에서 비롯된 문제라는 점에서 대체복무의 확대를 통해 잉여자원을 해결하려는 것은 근본적으로 한계가 있다.

사실 한국에서는 잉여자원 문제에 대해 병역면제 정책도 광범위하게 활용해왔다. 병역면제는 사전事前적 면제와 사후事後적 면제로 구성된다. 사전적 면제는 신체검사에서 신체적 조건이나 수형 등 기타 사유로 인해 불합격시키는 법령상 면제이다. 신체검사 결과에 따라 바로 면제 판정을 받기 때문에 사전적 면제라 할 수 있다. 사전적 병역면제자는 신체 및 질병 사유로 5급, 6급 판정을 받은 자와 혼혈, 수형 등 시대별로 법령상 면제되는 인원이 해당된다.

사후적 면제는 신체등급상 군 복무 적합자였으나 사후적으로 잉여자원 해소 차원에서 국가가 현역·보충역 대상자들에 대해 병역의무를 면제시키는 것이다. 1970년대~1980년대에는 병무청이 후순위조정제도 및 장기 대기로 인한 병역면제를 광범위하게 시행하였다. 후순위조정제도는 방위병 수요를 충족하고 난 나머지 자원에 대해 학력, 나이, 범죄 사실 등을 종합적으로 고려하여 소집 순서를 뒤로 하는 것이다. 장기대기면제제도는 이들 후순위자들이 일정 기간 오래 대기하면 일괄 면제시키는 제도였다. 면제까지 대기 기간은 학력과 자질에 따라 달랐는데 보통 2~4년간 대기하면 면제하되, 학력이 낮고 고령일수록 일찍 면제해주었다.[23]

병역면제율은 병역의무 이행의 반대로 현역 군 복무 인원과 대체복무 인원을 제외한 최종적 잉여자원$A-(B+C)$이 이에 해당한다. 풀어서

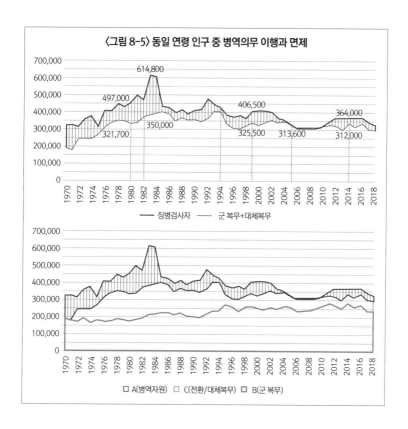

〈그림 8-5〉 동일 연령 인구 중 병역의무 이행과 면제

쓰면 A(병역자원) - B(군 복무 인원) + C(대체복무) = 최종적 잉여자원이 된다. 〈그림 8-5〉는 이를 보기 쉽게 표시한 것이다.

한국에서는 연혁상 사전적 면제, 즉 징병검사 결과 불합격 비율은 낮은 수준으로 일정하게 유지한 반면, 사후적 병역면제율이 비교적 높았던 것이 특징이다. 1970~1980년대 기간 동안 각종 대체복무의 신설에도 불구하고 어떤 병역의무도 이행하지 않은 최종적 병역면제율이 평균 20% 수준이었다. 그러나 장기대기 면제 및 후순위조정제

도는 1994년 병역제도 정비시 예외 없는 병역 이행을 강조하면서 폐
지되었다.

3 복무 기간

1994년 장기대기면제 및 후순위조정제도가 폐지되면서, 잉여자원에
대한 해결책으로 대체복무의 확대나 병 복무 기간의 단축, 두 가지 정
책 방안만 남게 되었다. 그러나 복무 기간의 단축은 그 자체의 군사전
략적 중요성 때문에 잉여자원의 변동에 따라 탄력적으로 조정하는 데
한계가 있었다. 그 결과, 1994년 이후 발생한 잉여자원에 대해서는
대체복무 이외에는 마땅한 정책이 없는 실정이다.

  잉여 병역자원에 대한 정책 대안인 병 복무 기간 조정에 대해서는
제10장에서 상세히 설명하고자 한다.

역사와 쟁점으로 살펴보는 한국의 병역제도

국방 예산과 병 봉급

최근 병 봉급 인상으로 국방비에 대한 관심도 커지고 있다. 사실 그동안 한국에서 병 봉급은 봉급이라고 하기 어려울 정도로 낮은 수준이었다. 충성심과 낮은 봉급이 징병제의 고유한 미덕으로 정당화되기도 하였다. 그러나 안정적인 군인 충원이 필요해 징병제를 운용하는 것과 정당한 급여를 주는 것은 별개의 문제이다. 이에 따라 정부는 최근 병 봉급을 단계적으로 인상하고 있다. 그전에는 병 봉급이 국방 예산과 군 인건비에서 차지하는 비중도 비교적 낮았으나 봉급 인상에 따라 인건비 부담도 조금씩 커지고 있다. 군인 인건비는 병의 기본적 복무 여건을 보장함과 동시에 총 병력 규모와 간부 계급구조에 따라 달라질 수 있기 때문에 세심한 정책 조율이 계속 필요한 부분이다.

정부 재정과 국방비의 현실

한 나라의 경제력, 정부 재정 그리고 국방 예산은 병역제도의 정책 변동 결정과 추진에 중요한 영향을 미친다. 재정 지출 통계에 의하면, 지금까지 한국 국방비의 절대 규모는 증가하였지만 이는 경제 전체의 성장에 기인한 것이고, 정부 재정 전체에서 국방 예산이 차지하는 상대적 비중은 일관되게 감소해왔음을 알 수 있다.

1980년에 국방비 규모는 2조 2,465억 원으로 당시 국내총생산GDP에서 5.69%, 정부 재정에서 34.7%를 차지하였다. 정부 재정의 3분의 1에 해당하는 규모로 이는 국방비의 규모가 컸다는 의미임과 동시에 정부 재정의 규모가 상대적으로 작았다고도 볼 수 있다. 이후 국내총생산과 정부 재정이 증가함에 따라 국방비도 증가하였지만 상대적 비

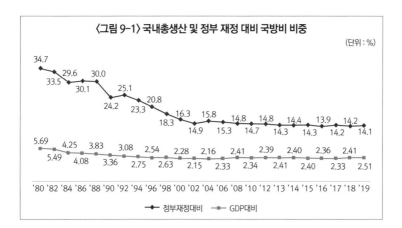

〈그림 9-1〉 국내총생산 및 정부 재정 대비 국방비 비중

(단위 : %)

중은 계속 감소하고 있다.

〈그림 9-1〉에 의하면, 국내총생산에서 국방비가 차지하는 비중은 1980년 5.69%로 정점을 찍은 뒤, 2018년 2.41%(잠정)로 40여 년 만에 절반 수준으로 감소하였다. 정부 재정에서 국방비가 차지하는 비중은 1953년 53.7% 수준에서[24] 1962년 32% 수준이었다가 1980년 34.7%로 정점을 찍은 뒤 2002년 14.9%, 2019년 46조 6,971억 원으로 정부 재정 대비 14.1% 수준을 유지해오고 있다. 최근 확정된 2020년 국방 예산은 50조 1,527억 원으로 최초로 50조 원을 넘어섰다.

국방비는 일반적으로 현존 병력 등 전력을 운영하기 위한 '전력 운영 유지비'와 전력의 보강과 개선을 위한 '무기 체계 및 전력 증강비'로 구성된다. 세계 어느 나라든 명칭에 차이는 있을 수 있으나 기본 '전력 유지비'와 추가적인 '전력 증강비'로 구성되는 구조는 유사하다.

〈그림 9-2〉를 보면 한국에서도 기본 전력의 운영 유지를 위한 예산을 '전력 운영비'라고 하고, 추가적 전력 증강을 위한 예산을 '방위력 개선비'라고 구분하고 있다. 또한 전력 운영비는 인건비 등 군 병력의 운영 유지를 위한 '병력운영비'와 그 외 장비, 시설, 전력 지원 체계 유지를 위한 '전력 유지비'로 구성된다.

1960년대 이후 국방비 지출 구조는 여전히 국방비 중 '전력 운영 유지비'가 대부분을 차지하였다. 1965년의 국방 예산 총 290여 억

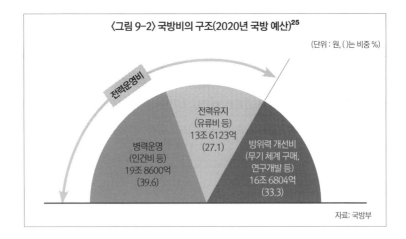

〈그림 9-2〉 국방비의 구조(2020년 국방 예산)[25]

(단위 : 원, ( )는 비중 %)

전력운영비

전력유지
(유류비 등)
13조 6123억
(27.1)

병력운영
(인건비 등)
19조 8600억
(39.6)

방위력 개선비
(무기 체계 구매,
연구개발 등)
16조 6804억
(33.3)

자료: 국방부

원 중 '병력 운영비'가 82.5%로 대부분을 차지하였고, 전력 증강비는 4.4% 수준에 그쳤다. 이후 1975년까지도 국방비 배분은 90% 이상이 병력 등 전력 운영 유지비에 충당되었고, 무기의 현대화는 전적으로 미국의 원조에 의지하였다. 오랫동안 한국 국방비에서 인건비 등 전력 운영 유지비가 대부분을 차지한 것은 국방비 자체의 규모가 작았고, 재래식 무기 원조에 의지한 반면, 운영 병력의 규모가 워낙 컸기 때문이다.

1980년대부터 본격적으로 자체 무기 체계 개발을 진행하면서 무기 체계 개발 등 전력 증강비 즉, 방위력 개선 예산이 점차 증가해왔다. 특히 최근 방위력 개선비의 비중이 더욱 안정적으로 증가하고 있다. 2020년 확정된 국방 예산을 보면, 총 국방비 50조 1,527억 원 중 전력 운영비가 33조 4,723억 원이고 방위력 개선비가 16조 6,804억 원이다. 전력운영비 중 병력운영에 드는 비용이 19조 8,600억 원이고, 전력유지비가 13조 6,123억 원 규모이다.

다만 방위력 개선비의 확대만으로 강한 군사력이 담보되는 것은 아니다. 무기 체계가 현대화, 고도화됨에 따라 획득 이후 군에서 사용하면서 평상시 장비 운영 유지 비용도 재래식 무기보다 늘어날 수밖에 없다. 또한 병 봉급 인상 및 군인 복무 여건의 개선에 따라 전력 유지비도 증가할 수밖에 없다. 제한된 정부 재정과 국방 예산 안에서 정부의 고민이 깊어지는 이유이다.

병 봉급과 인건비

1 　　　　　　　　　　　　　　　　　　　　　　　　병 봉급 연혁

　그동안 한국에서 병 봉급은 월급이라고 하기 어려울 정도로 매우 낮은 수준이었다. 병역제도 시행 직후 6·25전쟁으로 대대적인 징집이 시작된 이래 병 봉급은 수십 년간 현저히 낮은 수준을 유지해왔다. 이 시기에는 우리나라의 경제발전 수준 자체가 낮았기 때문에 병 봉급 자체만 가지고 평가하기는 쉽지 않다.

　〈표 9-1〉는 1970년부터 최근까지 병 봉급의 변동 연혁을 정리한 것이다. 1970년부터 2000년대 초반까지 매우 낮은 수준이었고 거의 변화가 없었음을 알 수 있다. 병 봉급이 본격적으로 인상되기 시작한 것은 2000년대 들어서부터이다. 2000년 병장 월급이 1만 3,700원에 불과했다. 노무현 정부에서는 본격적으로 병영생활 기본경비를 감

연도	병장	상병	일병	이병
1970년	900	800	700	600
1975년	1,560	1,370	1,170	1,040
1976년	2,260	1,990	1,700	1,510
1980년	3,900	3,400	3,000	2,700
1985년	4,600	4,000	3,600	3,300
1990년	9,400	8,200	7,300	6,600
1995년	12,100	10,700	9,600	8,700
2000년	13,700	12,200	10,900	9,900
2005년	44,200	39,900	36,100	33,300
2010년	97,500	88,000	79,500	73,500
2011년	103,800	93,700	84,700	78,300
2015년	171,400	154,800	140,000	129,400
2018년	405,700	366,200	331,300	306,100

* 자료: 《국방백서》(2018) 부록

안, 병 봉급 현실화를 추진하기 시작하였다. 병 봉급 인상을 추진하면서 참고한 것은 병영생활 기본경비 조사 결과였는데, 당시 병사 1인당 월 평균 12만 원 정도를 지출한 것으로 나왔다. 이를 '2004~2008 국가재정 운용계획'에 반영하여 단계적으로 인상 추진하였다. 그 결과, 2004년 병장 월급이 3만 4,000원이었던 것이 2008년 9만 7,500원으로 대폭 인상된다.

병 봉급이 10만 원을 넘은 것은 2011년이었다. 이후 박근혜 정부에서도 공약 과제로 2012년 대비 2017년까지 병 봉급 두 배 인상을 목표로 추진하였다. 그 결과, 2012년 병장 월급이 10만 8,000원에서 2017년 21만 6,000원으로 인상되었다. 그러나 2017년 병장 급여 21만 6,000원은 여전히 최저임금의 16% 수준에 불과하였다.[26] 문재인 정부에서는 국정 과제로 장병 급여를 2022년까지 최저임금(2017년 기준)의 50% 수준까지 단계적으로 인상하는 것을 목표로 하였다. 이에 따라 병 봉급을 대폭 인상하여 2018년 기준 병장 40만 5,700원, 상병 36만 6,200원, 일병 33만 1,300원, 이병 30만 6,100원이다.

한편, 예비군 훈련에 참가하는 사람들도 보상 수준이 충분하지 않은 것이 현실이다. 예비군 훈련에 소집되어 훈련에 참가하는 청년들은 2018년 하루 1만 6,000원 정도만 보상 받았다. 반면 2015년 국회 국방위원회 국정감사 결과에 따르면 예비군 1명이 훈련을 받을 때 드는 평균 비용은 교통비와 식비를 합쳐 2만 2,190원으로 나타났다. 자비를 써가며 예비군 훈련에 참가하는 셈이다.[27]

이에 따라 정부에서는 예비군훈련 보상비를 2018년 1만 6,000원에서 2019년 100% 인상한 3만 2,000원으로 정하였다. 앞으로도 일반훈련 실비(교통비, 중식비)를 포함해 적정 수준의 보상비와 실비가 지급되도록 단계적 인상을 계속 추진하고 있다.

역사와 쟁점으로 살펴보는 한국의 병역제도

2

인건비: 병 봉급 및 기타 직접비용

현역병에 소요되는 비용은 얼마나 될까? 이는 군인을 운용··유지하기 위해 얼마나 드는가 하는 질문처럼 답하기 쉽지 않은 문제이다. 왜냐하면, 군인을 운용하는 것과 군 부대를 운용하는 것이 명확히 구분되지 않기 때문이다. 가장 직접적인 비용은 군인들의 급여이지만, 어느 조직에서도 급여 하나만을 인건비로 보지는 않는다.

이 책에서는 군 인력을 운용하는 데 직접적으로 드는 비용을 직접비용이라고 하고 직접비용만 협의의 인건비로 계산하고자 한다. 병 1인당 인건비를 계산하는 방식은 학자마다 조금씩 다르다. 일반적으로 월급, 피복비, 급식비 세 항목은 직접 인건비로 본다. 월급, 피복비, 급식비 세 가지 항목 외에 1인당 교육훈련 양성비를 추가하는 경우도 있다. 또 병과 관련된 장비 유지비 및 부대 관리비 등도 광의로 모두 현역병에게 소요되는 운용비용으로 포함하자는 의견도 있다. 그러나 부대 관리나 장비 등은 군부대 전체의 유지비용으로 보는 것이 더 타당하므로 이 책에서는 계산에 포함하지 않도록 한다.

〈표 9-2〉 병사 1인당 유지비

(병장 기준, 2018년, 만 원)

병사 1인당 년간 유지비 = A+B+C	년 849만 원(월 70.7만 원)
급여(A)	년 487만 원(월 40.5만 원)
급식비(B)	년 278만 원(월 23.2만 원)
피복비((C)	년 84만 원(월 7만 원)

2018년 병장 월급은 40만 5,700원으로 인상되었다. 이에 따라 병장 1인당 연간 유지비를 계산해보면 〈표 9-2〉(203쪽)와 같다. 먼저 연간 병장의 1인당 직접 인건비에 해당하는 봉급은 487만 원이다. 병에게는 직접 인건비 외에도 피복비와 급식비가 별도로 소요되는 바, 피복비가 연 84만 원, 급식비가 연 278만 원 수준이다. 따라서 병 1인당 소요되는 직접비용은 인건비, 피복비, 급식비를 포함하여 연간 약 849만 원이다. 대략 월 71만 원 수준이다.

이를 병 전체 규모에 적용하면 병 집단의 총 인건비를 알 수 있다. 먼저 병 급여 총액은 2018년 연간 복무하는 병 집단 총 규모가 39만 1,000명이므로 여기에 487만 원을 곱하면 된다. 계산해보면 병 집단에 드는 총 급여액은 약 1조 9,000억 정도이다. 연간 병 집단의 피복비, 급식비는 약 1조 4,150억 원 규모이다. 따라서 2018년 기준 급여, 피복비, 급식비를 모두 합친 병 인건비 총액은 대략 연 3조 3,150억 원 수준이다.

역사와 쟁점으로 살펴보는 한국의 병역제도

3

대체복무자의 봉급

━━━━━

대체복무자들은 근무지가 행정기관이나 공공기관인 전환복무, 사회복무, 전문자격자들의 경우 현역 군인에 준하는 보수를 받는다. 반면 산업기능요원, 전문연구요원, 승선근무예비역 같이 민간업체에 취직하여 근무하는 산업지원 인력의 경우 민간의 통상임금 수준 또는 그보다 약간 적은 보수를 받는다. 대체복무자들의 보수를 현역병과 비교하면 다음과 같다.

　보수와 처우 면에서 사회복무요원, 전환복무요원, 공중보건의사 등 세 가지 유형은 현역병 또는 장교에 준하는 보수를 받는다. 사회복무요원과 전환복무요원은 모두 현역병에 준하는 보수를 받되, 전환복무요원은 집단생활을 하는 반면, 사회복무요원은 출퇴근 형식이라는 점이 차이점이다. 공중보건의사, 공익법무관들은 현역 중위에 해당하는 보수를 받으면서 공공기관에 복무하고 있다. 이를 통해 공공 목적이

비교적 강하고 공공기관에 복무하는 대체복무요원들의 경우 현역병이나 장교에 해당하는 보수 기준을 책정하였음을 알 수 있다.

반면, 산업기능요원, 전문연구요원, 승선근무예비역은 민간 기업이나 연구소 등에 민간인 신분으로서 보수 역시 일반 기업이나 연구소에서의 계약 관계에 따른 보수를 받는다.

<표 9-3> 대체복무자의 보수 수준

(2018년 기준)

유형	구 분	지급기관(소속)	봉급
행정지원 (사회복무)	사회복무요원	복무기관의 장	현역병 봉급의 범위
	국제협력요원	외교부 장관	현역병 봉급의 범위
	예술체육요원	–	별도의 보수 없음
전환복무	의무경찰	경찰청장	현역병 봉급의 범위 병장: 405,700원 상병: 366,200원 일병: 331,300원 이병: 306,100원
	해양경찰	행정안전부	
	의무소방원	행정안전부	
산업지원	전문연구요원	지정업체의 장	통상 연봉 2,000~5,000만 원
	산업기능요원	지정업체의 장	통상 연봉 1,800~2,500만 원
	승선근무예비역	지정업체의 장	통상 연봉 3,000~6,000만 원
전문자격	공중보건의사	보건복지부장관 및 복무기관의 장	군의관 봉급 수준 – 인턴1년: 중위(1,777,500원) – 레지던트4년: 대위(2,291,200원)
	병역판정검사 전담의사	병무청장	
	국제협력의사	외교부 장관	
	공익법무관	법무부장관, 사용기관의 장	군인법무관 봉급 수준 – 중위 1호봉(1,777,500원)
	공중방역수의사	농림부장관	군인 봉급 수준 – 중위 1호봉(1,777,500원)

* 자료: 대체복무자들의 봉급표로 따로 정리된 것은 없으며, 병역 관계 법령, 공무원 보수 규정 등 관련 규정과 조사 자료를 통합하여 작성하였음

외국 사례

─────

1   국방비

세계적으로 국가별 국방비는 각국이 처한 안보 상황과 역사, 정치·경제적 여건, 인구 등에 따라 다르다. 그러나 보통 국가별 국방비 수준을 비교할 때 각국의 국내총생산ᴳᴰᴾ 대비 국방비 비중을 본다.

〈표 9-4〉(208쪽)는 세계 주요 국가의 국방비를 비교한 것이다. 2017~2018년 국방비를 기준으로 한 것으로 국가별로 예산 기준 시점이 달라 1~2년의 편차가 있다. 한국의 경우 2017년 국방비를 달러로 환산하면 약 356억 달러로, 이는 GDP에서 2.33% 수준이며, 국민 1인당 국방비는 697달러에 해당한다. 다만 국방비는 각 나라별로 처한 안보 상황, 재정 여건, 경제 상황, 병력 규모 등 다양한 요인에 의해 결정되므로 단편적으로 상대적 수준을 비교하기는 어렵다.

국가	GDP (억 $)	국방비 (억 $)	GDP 대비 국방비(%)	병력 (천 명)	국민 1인당 국방비($)
대한민국	15,300	356	2.33	625	697
미국	194,000	6,028	3.11	1,348	1,845
일본	48,800	460	0.94	247	364
중국	119,000	1,505	1.26	2,035	108
러시아	14,700	456	3.10	900	321
대만	5,710	104	1.82	215	444
영국	25,700	507	1.98	150	783
프랑스	25,700	486	1.89	203	725
독일	36,500	417	1.14	179	518
이스라엘	3,480	185	5.33	177	2,235
이집트	1,963	27	1.36	439	28
사우디아라비아	6,790	767	11.3	227	2,684
호주	13,900	250	1.80	58	1,075
터키	8,410	80	0.95	355	99
말레이시아	3,100	35	1.12	109	111
태국	4,380	62	1.41	361	90
싱가포르	3,060	102	3.34	73	1,736
캐나다	16,400	170	1.04	63	478

* 출처 : 〈The Military Balance 2018〉(국제전략문제연구소, 2018. 2월) 관련 자료 종합.

2 병 봉급

사실 낮은 봉급이 징병제의 필수 요건은 아니다. 마찬가지로 병 봉급을 사회의 일반적 급여 수준에 맞춰 인상시키는 것도 쉽지 않다. 이는 징병제 국가에서 징병제를 유지하는 사회·경제적 배경과 국가 재정 여건이 모두 다르기 때문이다. 그럼에도 불구하고 현재까지 징병제를 유지하는 나라 중 병 봉급이 우리보다 낮은 경우는 찾기 어렵다.

2016년 국회 입법조사처는 징병제 국가의 병 봉급을 각국의 최저임금과 비교해 분석한 바 있다.[28] 입법조사처의 분석 자료는 다른 나라의 최저임금 대비 병 급여 수준을 비교해볼 수 있는 유용한 자료로 판단되어 소개하고자 한다. 〈표 9-5〉 입법조사처의 분석은 2015~2016년 자료를 기초로 한 것으로 당시 한국에서 병장의 월급이 약 16~19만 원 수준이다. 다만 2018년 병장 월급이 40만 5,000원으로 올라 지금과는 많은 차이가 있다.

2016년 기준, 한국의 병 월급은 최저임금 대비 15% 수준이다. 이집트에서는 1~3년간 의무복무를 하는 병에게 최저임금을 그대로 적용해 1,200이집션파운드(약 16만 원)를 지급한다. 2년 의무복무제인

〈표 9-5〉 징병제국가의 병 봉급 수준

(단위: 한화 만 원으로 환산)

구 분	사회 최저임금액(A)	병 월급(B)	최저임금 대비 병 월급비율 % (B/A)
한국	126	14~19	15%
이스라엘	141	36~49	34%
태국	30	30	100%
브라질	30	24	80%
대만	72	22~24	33%
이집트	16	16	100%
중국	38	11~13	34%
터키	66	2~10	15%
베트남	18	3~5	27%

*자료: 2016년 국회 입법 조사처 조사 결과

태국도 병 월급으로 최저임금과 동일한 9,000바트(약 30만 원)를 준다. 이집트와 태국의 병 봉급 수준은 절대 액수에서 보자면 한국보다 낮지만 해당 국가의 최저임금 수준과 거의 동일하다. 최대 3년 의무 복무인 이스라엘은 1,616쉐케림(약 49만 원)으로 최저임금의 34% 수준이다. 국가별 최저임금 대비 병 봉급 수준(%)을 보면 한국만큼 병 봉급이 낮은 경우는 거의 찾아보기 힘들다. 터키의 병 봉급이 최저임금의 15% 정도로 한국과 유사한 정도이다.

〈표 9-5〉(209쪽)에 나온 국가 목록에서 알 수 있듯이 이미 선진국은 대부분 징병제에서 모병제로 병역제도 전환을 완료하였기 때문에 위 표에는 없다. 그렇다면 선진국에서 징병제를 유지하던 당시 병 봉급 수준은 얼마나 될까? 선진국의 사례는 국가마다 다르다. 대표적으로 독일은 징병제를 유지하던 당시 병사 월급이 높지 않았다. 의무병의 월급은 7~9개월 차일 때 268.5유로(33만 6천 원, 환율 1유로당 1,250원 적용)를 받았다. 이를 직업군인인 부사관과 비교하면 당시 부사관 월급이 2,112유로(264만 원)로 병 봉급은 부사관 급여의 13% 수준이었다. 미국 역시 징병제를 유지하던 시기에 병 봉급 수준은 그렇게 높지 않았다.

위 사례를 종합해볼 때, 징병제 국가에서 병 봉급 수준은 일정 부분 최저임금보다 낮게 운용해온 것이 사실이다. 그러나 징병제라는 제도 자체가 병사들을 저렴하게 막 써도 된다는 면죄부를 주는 것은 아니다. 핵심은 '어느 정도로 낮은가'일 것이다. 따라서 국가 경제 상황

역사와 쟁점으로 살펴보는 한국의 병역제도

과 규모에 걸맞게 병 봉급을 인상하는 것은 자연스러운 일이라고 할 수 있다. 국민이 국민의 책무를 다하는 것에 대해 국가도 최소한의 책무를 다해야 한다. 앞으로도 재정 여건, 사회·경제적 변화에 발맞추어 병 봉급을 비롯한 복무 여건 개선을 지속적으로 추진해나가야 할 것이다.

★

현 병역제도의
주요 쟁점

병 복무 기간

CHAPTER 10

요즘 병 복무 기간이 너무 짧다는 말이 있다. 입영을 앞두고 있거나, 군대에 가 있는 현역병들이 들으면 하늘이 무너질 법한 이야기지만 의외로 병 복무 기간을 늘려야 한다는 의견도 적지 않다. 군 전투준비태세 유지 차원에서 2년도 안 되는 복무 기간은 짧다고 한다. 그러나 의견을 바로 수용하기도 쉽지 않다. 왜냐하면, 동시에 우리 사회에는 복무 기간을 더 줄여야 한다는 요구도 많기 때문이다. 도대체 병 복무 기간은 어느 정도이면 적정할까? 과연 적정 복무 기간이 있는 것일까?

병 복무 기간 결정의 논리 구조

1   기본 논리 구조

국가는 병역자원의 수요(군 규모)와 공급(병역자원 인구수)을 고려하여 병역제도를 채택하고 현역병의 복무 기간을 설정하는 것이 타당하다. 따라서 복무 기간은 병역자원 수요·공급 구조의 영향을 받는 종속변수라고 할 수 있다. 나태종 교수도 이론적으로 병 복무 기간은 한 나라의 군 규모(수요)와 병역의무 대상이 되는 청년 인구(공급)의 수급 관계에 따라 결정되는 것이 타당하다고 한 바 있다.[1]

이론적으로 병역자원, 상비군 중 의무병력의 규모, 복무 기간은 역삼각 관계에 있다.[2] 즉 의무병의 규모가 일정할 때 연간 현역병 수요와 복무 기간은 반비례 관계이다. 기존 연구를 토대로 〈그림 10-1〉(216쪽)에서 총 병력 중 현역병 수요, 병역자원 인구 그리고 병 복

〈그림 10-1〉 의무병 규모, 병역자원, 복무 기간의 관계

$$병\ 복무\ 기간 = \frac{총\ 상비군\ 중\ 의무병\ 수요}{병역자원\ (동일\ 연령대\ 병역의무\ 대상자)}$$

무 기간, 이 세 요소 간의 관계를 정리해보았다.

이러한 논리 구조는 모든 병역의무 대상자가 병역특례나 면제 없이 현역복무를 한다는 것을 가정하고 있다. 즉, 1년 동안 유지해야 하는 의무병 집단 규모가 약 40만 명이고, 연간 가용한 병역자원이 20만 명이면, 병 복무 기간은 2년 정도가 적당한 셈이다.

그러나 현실은 그렇게 녹록치 않다. 병 복무 기간이 인구수에 따라 매년 쉽게 줄였다, 늘렸다 할 수 있는 것이 아니기 때문이다. 안보 상황에 따라 복무 기간이 늘어나기도 한다. 특히 한국에서는 병역자원을 징집하여도 모두 군에 복무하는 것이 아니라 대체복무 혹은 병역특례로 빠지기도 한다. 따라서 위 도식은 상비군 규모가 일정할 때 복무 기간과 연간 현역병 입영 수요는 반비례 관계에 있다는 것을 보여주는 정도로 이해하면 좋겠다.

군 병력 수요 측면에서 군 규모와 의무병 규모가 일정한 상황에서 현역병 수요는 복무 기간에 반비례한다. 복무 기간이 갖는 복잡성을 제대로 이해하기 위해서는 순환율의 개념을 먼저 알아야 한다. 복무 기간이 결정되면, 이는 연중 상비군 병력을 유지하기 위해 병역자원을 얼마나 자주 징집해야 하는가 하는 순환율에 직접적 영향을 미친

```
┌─────────────────────────────────────────────────────────┐
│              〈그림 10-2〉 연간 의무병 수요                 │
│                                                           │
│                          총 상비군 중 의무병 수요          │
│  연간 의무병 수요 = ─────────────────────────────          │
│                        병 복무 기간의 연간 환산 값         │
│                                                           │
└─────────────────────────────────────────────────────────┘
```

다. 복무 기간이 길어지면 병사의 연중 순환율이 줄어들어 한 해 동안 충원해야 하는 현역 수요도 감소한다. 반면, 복무 기간이 짧아지면 연중 순환율이 증가하므로 한 해 동안 획득해야 하는 의무병 수요도 증가하게 된다. 쉽게 말해 식당에서 아르바이트생을 쓰는 데 반나절씩만 근무하면 하루에 오전, 오후 두 명을 써야 한다. 반면 한 친구가 온종일 근무하면 하루에 한 명만 쓰면 되는 식이다.

예를 들어 군에서 의무병을 연간 100명씩 운용해야 한다고 할 때, 병 복무 기간이 1년이면 매년 100명씩 징집해야 하고, 2년 동안 200명을 징집해야 한다는 말이다. 반면, 병 복무 기간이 2년이면, 1년에 100명을 징집하여 2년간 이들이 계속 복무하면 된다. 두 경우 모두 병 봉급이 일정한 상태에서 소요되는 인건비는 같다. 연간 의무병 수요를 계산하는 방법을 정리한 것이 〈그림 10-2〉이다.

〈그림 10-2〉에 따라 현재 한국의 연간 의무병 수요를 계산해보자. 2018년 한국군 중 병 집단 39만 1,000여 명을 유지하는 데 필요한 연간 현역병 수요(X)는 391,000 ÷ 1.75년(21개월/12개월)로서 약 22만 3,000만여 명이다. 2018년 하반기부터 복무 기간을 현 21개월에서 18개월을 목표로 단축을 진행 중에 있으나, 여기서는 일단 2018

년 기준 복무 기간 21개월로 계산하였다. 실제로 2018년 한 해 동안 입대한 현역병은 22만 2,517명이었다.

2   **복무 기간에 영향을 주는 다른 요인들**

그러나 한국에서는 병 복무 기간 자체가 갖는 군사전략적 중요성 및 정치적 파급력이 크다. 남북이 대치하고 있고, 북한이 지상군 위주의 대규모 상비군을 운용하고 있는 상황에서 우리의 병 복무 기간은 교육훈련과 군사력 유지에 중요한 요소로 간주되어 왔다. 이런 점 때문에 복무 기간은 병역자원의 수급 외에 다른 요인에 의해 조정되기도 하고 혹은 유지되기도 하였다. 북 위협이 빈번한 특수한 안보 환경 속에서 복무 기간 자체의 군사적 중요성 때문에 신축적으로 조정되기 어려웠다.[3]

또한 복무 기간 결정에 영향을 주는 대표적 기준으로 병 숙련도가 있다. 보병, 기갑, 포병 등 일정한 수준의 전투력을 발휘할 수 있기 위해서는 최소한의 숙련 기간이 필요하다는 의견이 적지 않다. 그러나 복무 기간과 숙련도 간 관계에 대해서는 학자마다 기준과 평가가 다르고, 숙련도를 복무 기간 결정의 기준으로 해야 하는가에 대해서도 논란이 많다. 한편으로는 첨단기술의 발달로 무기 체계의 고도화, 정밀화로 과거보다 군인에게 더 높은 숙련도가 요구되고 있다는 입장이

                                        역사와 쟁점으로 살펴보는 한국의 병역제도

있다. 그렇기 때문에 병 복무 기간을 연장하거나 적어도 더 단축해서는 안 된다고 주장한다. 〈조선일보〉의 유용원 군사전문 기자는 한 연구 결과를 인용하여 "개인 숙련도(상급 수준)를 기준으로 한 육군 병과 兵科 별 최소 복무 필요 기간은 보병 16개월, 포병 17개월, 기갑 21개월, 통신 18개월, 정비 21개월 등이다"라고 하기도 하였다.[4]

다른 한편 복무 기간 단축을 찬성하는 측에서는 개인의 의무 부담, 군에서 의무병사의 역할, 국가 인적자원의 효율적 활용 등을 종합적으로 고려할 때 병 복무 기간을 충분히 단축할 수 있다고 주장한다. 숙련도 차원에서 육군 보병의 경우 9개월 정도면 숙련도가 일정 수준에 도달하고 그 이상의 숙련도를 요구하는 자리는 부사관으로 충원하면 된다. 대표적으로 김장수 전 국방장관은 2013년 언론 인터뷰에서 "현재 숙련도를 요구하는 육군 병사 자리는 1만 개 정도인데 올해부터 5년간 매년 2,000명씩 부사관을 증원하면 채울 수 있다"고 말한 바 있다.[5] 정길호 전 한국국방연구원 책임연구위원도 "과학기술군 시대에 현역병의 일은 단순 명료해야 하고, 기술집약적인 경험과 판단이 요구되는 숙련도가 요구되는 일은 장교나 부사관, 즉 간부들이 주도적으로 수행해야 한다"고 하였다.[6]

그런가 하면, 병 복무 기간을 결정함에 있어 숙련도를 크게 고려할 필요가 없다는 주장도 있다. 국방대 이상목 교수는 복무 기간 관련 연구에서 병사의 숙련도를 크게 고려하지 않았다고 하였다.[7] 그 이유는 숙련도에 대해 학계나 국방 분야에서 일치된 개념이 없고, 군 병력 중

고도의 숙련도를 요구하는 인력 집단과 그렇지 않은 인력 집단의 구분 또는 비중이 불분명하기 때문이다. 또한 군의 전문화와 무기 체계의 첨단화에 따라 요구되는 숙련도 자체가 다양해졌다. 이상목 교수의 지적은 복무 기간 조정 논의를 할 때 예외 없이 등장하는 숙련도 논쟁에서 깊이 숙고해볼 만하다.

결론적으로 말하면 한국에서는 병역자원의 수급 상황에 따라 복무 기간이 유연하게 조정되기보다 다른 요인에 의해 적정 복무 기간이 먼저 결정되고, 이것이 결과적으로 매년 현역병 징집 수요에 영향을 준 측면이 크다. 한편으로는 잉여 병역자원 해소 및 국민 부담 완화를 목적으로 복무 기간을 단축해왔지만, 다른 한편으로는 복무 기간 그 자체가 군의 숙련도 및 전투력과 밀접하게 연결되어 있기 때문에 안보 환경을 고려하여 신중하게 유지되었다.

병 복무 기간의 변동 연혁과 특징

1   「병역법」상 복무 기간

한국의 병 복무 기간 변동에서 특이한 점은 「병역법」상 복무 기간과 실제 복무 기간이 달랐다는 점이다. 「병역법」상 복무 기간 규정은 거의 개정하지 않은 상태에서 국무회의 정책 결정 등을 통해 행정부에서 복무 기간을 변동시켜 왔다. 현재 육군의 병 복무 기간은 약 18개월로 조정하고 있으나, 법상 복무 기간은 24개월이다. 또한 육·해·공군 간 병 복무 기간이 다르다는 것도 특징이다.

1949년 제정된 최초의 「병역법」에서 병 복무 기간은 '육군 2년, 해군 3년'으로 규정하였다. 당시 지대형 외무국방위원장의 설명에 의하면, 한국군의 현역병 복무 기간은 영국, 미국, 오스트리아 등 구미(미국, 유럽) 제국의 일반적 병 복무 기간(1~3년)을 조사하여 참고하고 국가 예산, 국민의 신체 발육 정도 및 지식 수준 등을 고려하였다고 한다.[8] 1957년 공군도 3년으로 추가 규정된다. 이후 해군과 공군의 경우 몇 차례의 개정이 있었지만 육군 병의 '복무 기간 2년'은 1949년 제정 「병역법」 때부터 지금까지 변함없이 유지되고 있다. 현재 「병역법」 제18조상 병 복무 기간은 육군과 해병 2년, 해군 2년 2개월, 공군 2년 3개월이다.[9]

각 군별 복무 기간의 차이는 「병역법」 제정 당시부터 있었다. 그 근거에 대해서는 관련 자료가 많지 않아 분명한 배경을 알기 어렵다. 1949년 당시 한국군이 육군 중심이었고, 해군, 공군은 전력이 거의 갖춰져 있지 않았다. 이런 점에서 해군 복무보다 육군 복무가 병력 규모, 복무 여건, 훈련, 병영시설 등 여러 측면에서 더 힘들 것으로 보아 복무 기간을 짧게 했을 것으로 추측된다. 1957년 「병역법」 개정 시에도 "병 복무 기간이 육군과 해병대는 2년, 해군과 공군은 3년으로 되어 있는 것은 공평부담 원칙에 위배된다"는 신규식 의원의 지적이 있었으나 반영되지 않았다.[10]

「병역법」 제19조에서는 현역병 복무 기간의 조정 요건과 절차를 기술하고 있다. 전시, 사변, 또는 이에 준하는 사태와 군 내부의 증편, 창설 등 국방상 필요할 경우 국방부장관은 미리 국무회의의 심의를 거쳐 대통령의 승인을 받아 현역복무 기간을 6개월 이내에 연장할 수 있다. 반대로 군 정원定員 조정의 경우 또는 병 지원율 저하로 복무 기간의 조정이 필요한 경우 6개월 이내의 범위에서 단축할 수 있다. 절

역사와 쟁점으로 살펴보는 한국의 병역제도

차상 국무회의 의결, 대통령 승인을 받고 시행 전 국회 국방위원회에도 단축 기간과 사유 등을 보고하여야 하다.

최근 진행되고 있는 복무 기간 18개월로의 단축은 「병역법」 제18조상 복무 기간 2년 규정은 유지한 상태에서 제19조 복무 기간의 조정 가능 규정에 따라 최대 6개월 단축하고 있는 형태이다. 즉, 현재 복무 기간 18개월은 법적으로 할 수 있는 최대한의 단축이다. 따라서 향후 미래에 다양한 사유로 18개월 미만으로 추가 단축할 경우에는 「병역법」의 개정이 필요하다.

2   실제 복무 기간의 변동 연혁

「병역법」 제정 이래 법상 병 복무 기간이 2년(육군 기준)을 유지해온 반면, 실제 복무 기간은 인구 및 병역자원 수급 측면, 정치적 측면 그리고 군사적 측면이 종합적으로 고려되어 조정되어 왔다. 따라서 복무 기간의 실제 변동 내용을 법 규정만으로는 알기 어렵고 추가 설명이 필요하다.

〈그림 10-3〉(224쪽)은 《국방백서》(2018)에서 1950년대 이래 연도별 병 복무 기간 변천 연혁을 정리한 표를 인용한 것이다.

6·25전쟁 이후 급속하게 병력 규모가 증가하고 휴전 당시 72만 명의 군 규모를 그대로 유지하였다. 당시 연간 20만 명에 불과한 병역

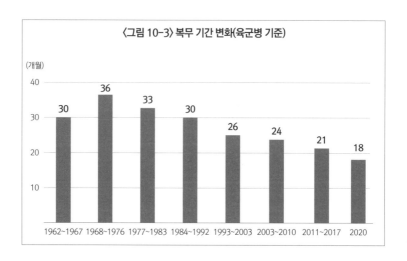

〈그림 10-3〉 복무 기간 변화(육군병 기준)

가용자원을 가지고 최소 3년간 복무 기간 연장이 불가피하였고, 실제로는 3~4년씩 복무하는 경우가 속출하였다. 그러나 「병역법」상 의무 복무 병사의 복무 기간은 '2년'이었으므로 법과 현실의 괴리가 발생하였다. 이에 따라 병 대부분을 차지하는 육군의 복무 부담을 완화하기 위해 실 복무 기간을 33개월(1959년), 30개월(1962년)로 계속 단축하였다.[11]

1962년 출범한 박정희 정부에서는 "국방상 필요한 경우에는 국가재건최고회의 의결에 의하여 현역병 복무 기간을 연장할 수 있다"라고 「병역법」을 개정하였다. 30개월로 유지되던 복무 기간은 1968년 1·21사태를 계기로 "국방상 필요한 경우"라는 근거에 따라 36개월(육군 36개월, 해군과 공군은 39개월)로 6개월 연장되었다. 법상 복무 기간 2년보다 1년이나 길게 운용한 것이다. 이후 1980년대 전반적인 인구

　　　　　　　　　역사와 쟁점으로 살펴보는 한국의 병역제도

증가에 따라 청년 인구가 많아지면서 1984년에 30개월로 단축하였다. 그러나 이는 사실상 1962년 30개월이었던 상태로 환원한 것에 지나지 않았다.

1990년대 민주화 이후 남북화해 무드가 무르익으면서 복무 기간 조정에 대한 논의도 활발하게 전개되어 복무 기간 단축으로 이어졌다. 1992년 대선에서 유력 후보들이 모두 병 복무 기간의 단축을 제안하였다. 김대중 후보는 당시 30개월이던 복무 기간을 18개월로, 김영삼 후보는 24개월로 단축하는 것을 주요 공약으로 제안하였다. 김영삼 후보가 대통령이 되었으나, 대선 직전 1992년 정부에서 발표한 복무 기간 단축안에 따라 1993년부터 26개월로 단축을 시행하였다. 1992년 정부가 복무 기간 단축을 시행한 배경에는 방위병제도 폐지를 검토하는 과정에서 제도 폐지로 남는 병역자원을 해소하기 위한 목적이 컸다. 복무 기간을 단축함으로써 한 해 동안 입영해야 하는 현역 수요가 그만큼 증가하기 때문이다.

2002년 대선에서 노무현 후보와 이회창 후보는 모두 병 복무 기간 단축을 대선 공약으로 제시하였다. 노무현 후보는 현역병 복무 기간을 당시 26개월에서 4개월 단축하여 22개월로, 이회창 후보는 2개월 단축한 24개월 단축 방안을 공약으로 각각 제시하였다. 이후 노무현 후보가 대통령으로 당선되자 우선 공약의 반 수준인 2개월을 단축하여 2003년 8월 복무 기간을 24개월로 바로 시행하였다.[12] 이후 2007년 정부는 국방개혁의 일환으로 복무 기간을 18개월로 단계적으로 단축할 것임을 발표하였고, 2008년 1월부터 실제로 단축을 시작하였다.

그러나 2008년 2월 이명박 정부 출범 이후 2010년 천안함 폭침사건, 연평도 포격도발 사건 등 안보 환경의 변화 등에 따라 2010년 12월에 복무 기간 단축을 전면 중단한다. 2010년 12월 21일 국무회의에서 「병 복무 기간 재조정 계획」을 의결하고 18개월을 목표로 단축 추진하던 것을 21개월에서 중단한다. 당시 정부는 "복무 기간 단축에 따라 나타난 병역자원 수급 차질과 병 숙련도 및 전문성 저하로 인한 군 전투력 약화를 해소하기 위해 단축 계획을 조정키로 했다. 올해 북한의 천안함 폭침사건과 연평도 포격 도발 등 안보 상황도 고려했다"고 설명하였다.[13] 그 결과 육군 복무 기간이 21개월에서 동결되고 박근혜 정부까지 이어졌다.

복무 기간 단축이 다시 추진된 것은 2017년 5월 문재인 정부가 출범하면서 부터이다. 문재인 정부에서는 복무 기간을 18개월로 단축하는 것을 국정 과제로 하고, 「국방개혁 2.0」 계획에 따라 2018년 하반기부터 단축을 진행하고 있다. 급격한 단축의 충격을 줄이기 위해 2주에 1일씩 단축하다가 2020년 6월 입대자부터 최종 18개월이 되었다. 보충역 소집적체를 해소하고 청년들의 조기 사회 진출을 배려하기 위해 사회복무요원도 24 → 21개월, 산업기능요원은 26 → 23개월로 단축하고 있다.

병 복무 기간 단축은 핵·미사일·사이버 위협에 대응하여 과학기술군으로 정예화하는 국방개혁의 일환이며, 인구 감소에 따라 인적자원을 효율적으로 활용하고자 하는 국가 차원의 결정을 뒷받침하는 것이다. 군 전력 저하 우려에 대해서는 첨단 전력을 증강하고 간부 중심 인력 구조 정예화를 통해 전력을 보강할 방침이다. 일부 숙련도 우려가 있지만, 최근 숙련도가 필요한 직위를 부사관으로 많이 대체하고 있어 병에게 요구되는 숙련도 자체는 높지 않다는 평이다.

복무 기간 18개월에 맞춰 병 계급 체계 내에서의 진급 최저 복무 기간도 조정하였다. 기존 이병-일병-상병으로 가는 데 최저 기간이 3-7-7개월이었던 것을 2-6-6개월로 조정하였다. 아울러 교육훈련 체계도 개편하고, 군인들의 행정 업무를 최소화하여 숙련에 필요한 기간을 단축할 수 있을 것으로 전망된다. 또한 군 장비 및 감시 장비의 현대화, 경계 시스템의 과학화도 시급히 보강할 필요가 있다.

③
병 복무 기간의 딜레마

---

1   병 복무 기간의 난점

병 복무 기간은 그 자체의 군사전략적 중요성과 전투준비태세 유지 및 교육훈련 전반에 미치는 영향 때문에 쉽게 줄였다 늘렸다 하는 게 쉽지 않다. 특히 한국처럼 한 해에만 21만~23만여 명, 매일 거의 600여 명의 군인이 입대하고 동시에 같은 규모의 군인들이 매일 쉼 없이 전역하는 상황에서는 복무 기간 조정 설계 자체도 쉽지 않다. 반대로 병역자원이 부족할 때 군 병력 유지를 위해 복무 기간을 쉽게 연장할 수도 없다. 병 복무 기간은 단지 군 병력의 수급에만 영향을 미치는 것이 아니라, 청년들의 교육, 취업, 결혼, 출산율에 이르기까지 전반적인 사회 시스템에 영향을 미치기 때문이다.

요약하면, 복무 기간은 단순히 군 내부적인 요구나 전략 차원에서만 결정될 수 없고, 반대로 사회·경제적 환경이나 인구 변화에 따라

그때그때 조정하기도 어렵다. 이를 '병 복무 기간의 딜레마'라고 표현할 수 있다. 병 복무 기간을 논의하고 검토할 때 항상 이러한 딜레마를 염두에 두어야 한다.

그런데 한국에서 복무 기간의 변동을 더 복잡하게 만드는 요인이 하나 더 있다. 바로 대체복무 혹은 병역특례제도이다. 앞서 제8장 병역자원 수급 구조 분석에서 잉여자원의 발생에 따른 정책 대안으로 병역면제, 복무 기간의 조정 그리고 대체복무를 설명한 바 있다. 세 가지 병역정책들은 상호 반비례하는 역상관 관계, 즉 상쇄관계^{trade-off}를 갖는다. 즉 필요한 인원만큼만 현역병으로 징집하고, 나머지는 면제하면 대체복무나 복무 기간을 조정할 필요가 거의 없어진다. 마찬가지로 복무 기간 조정을 통해 대부분의 병역자원이 군에 복무하면 다른 제도를 운용할 필요도 없어진다.

현재의 한국처럼 병역면제가 거의 없는 상황에서는 한정된 병역자원(공급)을 두고 병 복무 기간과 대체복무는 상쇄관계가 된다. 대체복무(수요)에 인력을 더 지원해주려면 현역병 복무 기간이 길어져야 한다. 마찬가지로, 병 복무 기간을 줄이려면 병 입대자들의 순환이 빨라지므로 입영 대상자가 더 많이 필요해진다. 이를 위해서는 대체복무로 빠지는 인원수를 줄여야 한다.

선진국에서는 징병제 유지 당시 병역의무 대상자가 남으면 주로 병역면제나 복무 기간을 조정해 문제를 해결하였다. 광범위하게 병역면제를 허용하거나 복무 기간을 대폭 감축하였다. 그러나 우리나라처럼 병역면제와 이에 따른 병역비리 문제가 역사적으로 논란이 된 상황에서는 면제를 쉽게 허용하기 어렵다. 특히 1994년 병역제도 개편 이후 면제제도를 사실상 폐지하면서 병역의무자들은 어떤 식으로든 병역 이행을 하도록 되어 있다. 이에 따라 현역병 복무 기간 단축과 대체복무·병역특례 확대 사이에서 논쟁은 더욱 커졌다.

2   1980년대 병역특례의 확대 사례

대체복무제도는 1970년대 집중적으로 신설되었지만, 실제 병역특례 인력은 1980년대부터 급격히 확대되었다. 1980년대에는 병역자원 청년 인구수가 급격히 많아져서 현역병 수요를 충족하고 남는 잉여 인력들이 매년 누적되고 있었다. 따라서 병역특례 및 대체복무 확대 와 복무 기간 단축 간 논쟁은 1980년대 이후 본격화되었다.

1981년 농촌지도요원 병역특례를 위한 「병역특례법」 개정안에 대한 국회 논의 과정(1981.12.4)을 통해 복무 기간과 병력특례 사이의 딜레마를 파악할 수 있다. 개정안을 제출한 민정당 전병우 의원은 병역특례 찬성 입장 측에서 "경제 발전이나 국가 안보 차원에서 식량 증산을 포함한 농촌 근대화는 국내의 기본 원동력이 될 것이므로 (…) 농촌지도요원을 집중적으로 농촌에 투입하고… 새마을 청소년 및 지도자 등 각종 모임을 육성 지도"하기 위해 개정안을 내게 되었다고 하였다.

이에 대해 야당의 한광옥 의원은 "잉여자원이 있으면 병역특례를 확대할 것이 아니라 병 복무 기간을 단축해주어야 한다"고 하였다. 그 즈음 또 다른 병역특례 확대를 위한 공청회에서 윤종현 〈한국일보〉 논설위원도 "병역특례의 확대를 검토할 때에는 현역병들의 복무연한과 상관성을 생각해보아야 한다. 원래 2년 복무하게 되어 있는데 지금 연장된 상태(1981년 당시 30~33개월)이기 때문에 만일 특례를 자꾸 확대시켜나가면 상대적으로 도의상 그 사람들(현역병)의 복무연한을 단축시켜주는 방안을 강구하여야 한다"고 반대 의견을 냈다.

1982년 전투경찰대원 관련 「병역법」 개정안 처리를 위한 국회 논의(1982.12.14) 당시에도 찬반 논란이 비슷하게 전개되었다. 여당과 정부에서는 대체복무를 계속 늘려나갔다. 야당에서는 병역자원이 남을 때 대체복무 확대보다 현역병 복무 기간 단축이 우선되어야 한다고 주장하였다.[14] 이러한 논란은 이후에도 수많은 병역특례, 대체복무 확대 과정에서 반복적으로 등장한다. 그러나 대개 현역병의 복무 기간을 줄이기보다 대체복무를 확대하는 쪽으로 법이 개정되었다.

복무 기간의 딜레마는 1994년 공익근무요원이라는 새로운 대체복무제도를 신설할 때 정점에 달하였다. 당시 정부는 방위병 제도 폐지로 남는 잉여 병역자원(1993년 당시 17만여 명 추정)에 대해 "예외 없는 병역의무 부과"를 위해 공익근무요원제도와 상근예비역제도를 신설한다고 설명하였다.[15] 제8장 〈그림 8-4〉(189쪽)에서 1994년 직후에 군 복무와 대체복무를 모두 합하면 잉여 병역자원이 거의 없어진 것을 보았을 때, 최초의 판단은 틀리지 않았다. 그러나 1994년 이후 곧 병역자원이 다시 남게 되면서 대체복무 인원이 더 확대되는 결과를 초래한다.

3　　　　2000년대 이후 노무현 정부와 이명박 정부의 사례

복무 기간의 딜레마는 노무현 정부와 이명박 정부의 병역정책 변동 사례에서도 잘 나타난다. 동일한 미래 인구 전망에 대응하여 노무현 정부와 이명박 정부에서는 전혀 다른 병역정책 처방을 내린다.

2005년 노무현 정부에서는 국방개혁 계획을 발표하면서 군 병력을 감축하기로 결정하였다. 정부에서는 병력 감축을 필두로 복무 기간 단축, 대체복무 감축 폐지가 상호 연결된 문제임을 인식하고 같이 검토 작업에 들어갔다.[16] 군 병력을 감축하게 되면 현역병 수요가 감소하여 일부 잉여자원이 발생하므로 복무 기간의 단축도 가능할 것으로 판단하였다. 그 결과 2007년 발표된 「국가인적자원의 효율적 활용을 위한 병역제도 개선안: 2+5 전략」, 「군 복무 개선방안」, 「대체복무 감축·폐지계획」은 군 병력 감축, 복무 기간 단축, 대체복무 조정으로 연계된 일련의 정책들이었다.

먼저 2007년 「병역제도 개선안: 2+5 전략」에서 복무 기간을 18개월로 조정한다고 발표하고 실제 조정에 들어간다.[17] 복무 기간 단축을 결정할 수 있었던 것은 당시 2020년까지의 미래 인구 전망 분석 결과, 향후 병력 감축으로 현역병 수요는 점차 감소하는 반면, 병역자원에는 상당한 잉여가 발생하기 때문이었다. 2008년부터 2020년간 20세 현역 잉여자원이 연평균 6만여 명 발생할 것으로 추정되었다. 이들 잉여자원은 당시 육군 기준 24개월이던 복무 기간을 6개월 단축할 경우 해소할 수 있는 규모였다. 이러한 필요성과 가능 여건 판단에 따라 2008년 1월부터 점진적 단축을 시작하였다. 정상적으로 진행되면 2014년 7월 최종 18개월로 정착될 예정이었다.

다만 연도별로 2012~2016년과 2020년 이후는 청년 인구수가 명확히 달랐다. 병역자원 수급 전망상 2012~2016년까지는 청년 인구의 급증으로 잉여자원이 많이 발생하는 시기였다. 따라서 이 시기에는 원래 잉여자원이 많이 발생하기도 하고 대체복무를 감축·폐지하면서 그에 따라 추가로 잉여자원이 생기기 때문에 복무 기간 단축이 필수적이었다.

반면 2020년 이후에는 병역자원 인구의 급격한 감소가 예정되어 있었다. 만약, 군 병력 규모가 동일한 상태에서 복무 기간이 계속 단축된다면 2020년 이후부터는 연간 현역병 수요를 충족할 수 없기 때문에 군 전투력에 큰 문제가 발생할 수도 있었다. 그러나 국방개혁을 추진하면 2020년 이후에는 총 병력이 감소하여 현역병 수요 자체가 줄어든다. 즉 2020년 이후는 군 병력 자체가 감소하기 때문에 복무

〈그림 10-4〉군 병력 – 복무 기간 – 대체복무 상관 관계

〈노무현 정부〉

국방개혁 및 군현대화 → 군 병력(수요) 감축 → 잉여자원 발생 ⟶ 병 복무 기간 단축
⟶ 대체복무 감축·폐지

〈이명박 정부〉

천안함 등 북 위협 가중 → 군 병력(수요) 유지 → 병역자원 필요 ⟶ 병 복무 기간 단축 중단
⟶ 대체복무 유지

기간을 단축해도 군사력 충원에 큰 문제가 없을 것으로 판단하였다.

반면 2008년 2월 출범한 이명박 정부에서는 이 문제를 전혀 다른 시각에서 보았다. 군 병력 규모, 복무 기간, 대체복무를 연계하여 모두 재조정하되 정반대의 방향으로 조정한 것이다. 특히 2010년 발생한 천안함 피격 사건과 연평도 포격 도발 사건도 복무 기간 단축 중단 결정에 주요 요인이 되었다. 2010년 12월 21일 「병 복무 기간 재조정 계획」에 따라 18개월을 목표로 단축 추진하던 것을 21개월에서 중단한다.[18] 군 수요 측면에서는 병력 감축 목표 시기를 늦추었다. 2011년 「국방개혁 기본계획」에 따른 병력 규모 감축 계획을 조정하여 2022년까지 목표 병력을 당초 50만 명으로 줄이려던 것을 52만 2,000명으로 조정하였다.

그 결과 군 규모 감축 시기가 조금씩 늦춰지면서 현역병 수요 규모가 계획보다 많아졌다. 현역병 수요가 증가하면서 복무 기간도 연장할 수밖에 없었다. 시기적으로는 복무 기간 조정이 먼저 결정된 것 같

역사와 쟁점으로 살펴보는 한국의 병역제도

지만, 사실은 병력 감축 시기 조정과 복무 기간 연장 검토가 동시에 진행되었다고 보는 것이 타당하다.

2011년 병 복무 기간 단축을 중단한 결과, 병역자원의 공급 측면에서 잉여 병역자원이 발생하였다. 이에 따라 2011년 3월, 정부는 당초 감축·폐지하기로 한 전환복무 및 대체복무 폐지 시기와 감축 규모를 조정하여 상당 부분 감축 폐지 이전 수준으로 환원시켰다. 이에 따라 의경 등 전환복무요원, 산업기능요원을 2015년까지 지원하고 이후 감축 규모는 병역자원 수급에 따라 재판단하며, 폐지는 2020년대 이후에 시행하기로 하였다. 전경제도와 경비교도는 당초 계획대로 폐지하였지만, 전경에 지원하던 인력 규모는 그대로 의경으로 흡수되었다.

4

외국 사례

세계적으로 징병제 국가에서는 초기에 병 복무 기간을 대개 2~3년 정도에서 시작하여 점차 단축하는 양상을 보이고 있다. 현재 징병제를 유지하는 국가 중 한국보다 복무 기간이 긴 국가는 북한(4년 이상), 이집트 36개월, 이스라엘 34개월 정도이다. 나머지 국가는 러시아 12개월, 터키 15개월 등으로 복무 기간이 계속 단축되고 있다.

그러나 이런 단편적인 복무 기간 비교표만 보면 앞서 말한 병역제도의 역동적인 변동의 역사를 간과하기 쉽다. 유럽의 군사 혁신 연구를 참조하여 징병제 시기 병 복무 기간의 변동을 동태적으로 살펴볼 필요가 있다. 스페인 바스크 공립대 정치행정학과의 라파엘 아장기즈 R. Ajangiz 교수는 2002년 기준으로 유럽 각국의 복무 기간 단축 역사를 표로 정리하였다.[19]

유럽에서도 1960년대~1970년대에는 징병제를 유지하면서 병 복

(R. Ajangiz, 2002)

	1980	81	82	83	84	85	86	87	88	89	90	91	92	93	94	95	96	97	98
프랑스	12	-	-	-	-	-	-	-	-	-	-	-	10	-	-	-	-	-	-
독일	15	-	-	-	-	-	-	-	-	-	-	12	-	-	-	10	-	-	-
스페인	15	-	-	-	-	-	12	-	-	-	-	9	-	-	-	-	-	-	-
노르웨이	12	-	-	-	-	-	-	-	-	-	-	-	-	-	-	9	-	-	-
그리스	24	22	-	-	-	-	21	-	-	20	-	19	-	-	-	-	-	-	-
터키	20	-	-	-	-	18	-	-	-	-	-	15	-	-	18	-	-	-	-

무 기간이 대부분 18개월~24개월 정도였다. 그러나 1990년대 이후 복무 기간이 점차 단축되기 시작하여 대개 9개월~12개월 수준으로 줄어들었다. 주목할 것은 대부분의 국가에서 병 복무 기간 단축이 모병제 전환을 염두에 두고 추진한 것이 아니라는 점이다. 군에서도 복무 기간 단축을 원하지 않았다. 인구구조의 변화 속에서 긴 복무 기간 자체가 사회와 청년들에게 부담이 되고 이것이 정치·사회적인 쟁점이 되었기 때문에 단축한 것이다. 즉, 사회적 흐름, 군과 국방전략에 대한 인식 변화 및 사회·경제적으로 청년 인구에 대한 병역 부담을 완화할 목적으로 진행되었다.

〈표 10-1〉상 복무 기간 단축 과정에서 12개월이 일종의 분기점으로 나타나는바, 각국 군 지휘부에서는 병 복무 기간 12개월은 너무 짧다는 우려가 많았다. 12개월이면 겨우 기초훈련을 마친다. 군으로서는 동시에 전문화, 기계화로 복무 기간을 늘려야 한다고 여겼다. 더욱이 인구까지 감소하면 가장 합리적이며 단순한 해결책은 군의 요구

대로 복무 기간을 늘리는 것이었다. 아장기즈 교수는 이러한 병 복무 기간 연장 요구를 '전통으로의 회귀'라고 표현하였다. 실제로 전통적으로 강한 군사력을 유지해오던 프랑스와 독일에서는 군 지휘부를 중심으로 병 복무 기간을 연장해야 한다는 요구가 매우 거셌다. 그러나 복무 기간에 있어 '전통으로의 회귀' 사례는 유럽에서 거의 발생하지 않았다. 그 이유는 청년 인구의 병역 부담을 완화해줘야 한다는 사회적 공감대가 광범위하게 형성되었기 때문으로 해석된다.

지금까지 한국에서의 병 복무 기간 변동 연혁과 외국 사례를 살펴보았다. 실제 사례 검토 결과, 한국에서 복무 기간 조정이 정치적 목적하에 추진되었다는 오해가 많았으나 꼭 그런 것만은 아님을 알 수 있다. 오히려 이런 오해로 인해 군에서 복무 기간 조정이 꼭 필요한 시기에는 정작 추진하기가 어려웠다. 마찬가지 이유로 인구 조건의 변화로 복무 기간 조정이 필요한 시기에도 추진하기 어려워진다. 군과 사회가 별개라는 인식을 깨고 조화롭게 공존할 수 있는 방안을 함께 고민할 필요가 있다.

대체복무

CHAPTER 11

신의 아들, 석사장교, 육방, 예술체육요원 특례 등…. 병역과 관련하여 한 번쯤 들어봤을 이들 명칭은 병역특례 혹은 대체복무의 다른 이름들이다. 어떤 이가 병역특례를 받았다고 해서 그 자체가 무슨 비리이거나 문제는 아니다. 왜냐하면, 한국에서 병역특례는 그간 병역제도 내에서 국가가 만들고 인정해온 제도였기 때문이다. 다만 현역병과 비교할 때 병역특례의 대상 자격, 복무 여건 등이 형평성 차원에서 문제가 많다고 계속 지적되어 왔다. 징병제하에서 능력 있는 사람에게 특별한 혜택을 준다면 병역 이행은 암묵적으로 능력 없음에 대한 처벌로 인식되기 쉽다.

① 대체복무의 의미와 종류

─────────

오늘날 대부분의 한국 사람에게 대체복무라고 하면 '양심적 병역거부자 대체복무'라는 말을 먼저 떠올린다. 오히려 '병역특례'라고 하면 현역병과 반대되는 형태의 복무라는 일반적 개념을 바로 인지한다. 보통 '전경·의경', '공익근무요원', '산업기능요원', '체육선수 병역특례' 등을 통틀어 대체복무라고 한다.

1 대체복무의 의미

근본적으로 대체복무제도는 징병제를 채택하고 있는 국가에서만 운용하는 예외적인 제도이다. 이상목 국방대 교수는 대체복무제도는 징병제 국가에서 현역병 수요 규모에 비해 병역자원이 많은 병역자원

역사와 쟁점으로 살펴보는 한국의 병역제도

수급 불균형 현상이 나타남에 따라 국가에 따라 정책적으로 잉여인력 활용 차원에서 운영되어 왔다고 설명한다.[21] 즉 지원병제 국가에서는 청년들을 강제로 복무시키지 않기 때문에 현역병 이외의 대체복무 의무를 부과할 필요 자체가 없다. 한국의 「병역법」 체계에서는 군에서 필요로 하는 인원의 충원에 지장이 없는 범위에서 전환복무 및 다양한 대체복무에 인력을 지원할 수 있도록 규정하고 있다.[22]

많은 이가 대체복무보다 병역특례라는 용어에 더 익숙할지도 모른다. 그러면서 대체복무가 공식 용어이고 병역특례라는 말은 왠지 부정적 의미로 폄훼하기 위해 사용하는 용어로 생각하기 쉽다. 그러나 사실 '병역특례'는 과거 「병역특례법」 제정과 함께 도입된 공식적인 법률용어로서 '병역특례보충역'의 약자이다. 정부에서 1993년 「병역특례법」을 폐지하고 「병역법」에 통합하면서 병역특례 명칭도 공식적으로 폐기하기 전까지는 병역특례가 엄연한 법적 용어였다. 1993년 병역특례 용어는 폐기되었지만 병역특례 형태의 대체복무는 계속 유지되고 있다. 그렇기 때문에 편의상 이들을 군 복무를 대체한다는 뜻으로 '대체복무'라고 지칭하고 있다.

다만 한국의 「병역법」이나 관련 법령에 '대체복무'에 대한 공식적 정의는 없다. 「병역법」 제2조(정의)에서는 의무경찰, 사회복무요원, 예술·체육요원, 공중보건의사, 산업기능요원, 전문연구요원 등 총 14개의 대체복무 분야에 대한 개별적 정의가 나열되어 있다. 이 책에서는 편의상 대체복무를 "징병제를 운용하는 국가에서 병역의무 대상자에 대해 현역병으로 군에 복무하는 것 외에 다른 형태로 병역의무를 대체하여 복무하도록 하는 제도"로 정의하고자 한다.[23]

한국에서 병역 대체복무제도에 대해 일관된 법적 정의가 없었다는 것은 대체복무의 '발생론적 속성'을 반증한다. 연혁상 대체복무는 논리적 일관성을 가지고 형성된 것이라기보다 대개 당시의 시대적 필요성이나 정책 목적에 따라 혹은 입법자의 의지에 따라 신설, 변동되어 왔다. 이 장에서는 한국의 대체복무제도가 어떻게 형성되고 변화해왔는지를 살펴보고자 한다.

2   대체복무의 종류

2018년 기준 한국에서 운영하고 있는 대체복무 분야와 인원 현황을 〈표 11-1〉에서 정리하였다. 연혁적으로는 1970년대 이래 대체복무가 각종 병역특례의 이름으로 신설되면서 신설과 통폐합을 반복해왔다. 2016년 국제협력요원제도가 폐지되기 전까지 14개의 종류가 유지되어 왔다. 이 책에서는 전체 제도 변동의 이해를 돕기 위해 최근까지 유지된 국제협력요원을 포함하여 14개 종류의 대체복무로 설명할 것이다.

〈표 11-1〉 대체복무 현황

(단위: 명, 2018년 기준)

구분	배정 인원	복무 기간	자격(대상)	복무 형태
사회복무요원 (보충역)	30,033명	24개월	4급(보충역)	• 복무 기관: 공공기관, 지자체, 복지시설 등 • 임무: 일반행정, 복지시설 운영 지원 등
예술·체육요원	–	34개월	예술대회, 올림픽 3위 입상 등	• 임무: 예술및체육 분야 등 해당 분야에서 활동 * 4주 기초 군사훈련 후 본인생업종사(면제)
국제협력요원	–	30개월	선발	• 태권도, 컴퓨터 등 유자격자
의무경찰	9,624명	21개월	신검등급 1~3급 (현역 대상)	• 복무기관 : 경찰청 및 산하 경찰서 • 임무: 방범순찰, 집회시위관리, 교통질서 등 치안 업무 보조
의무해양경찰	1,300명	23개월	신검등급 1~3급 (현역 대상)	• 복무 기관: 해경청 및 산하 기관 • 임무: 함정 근무, 어선 검문 검색 및 순찰, 중국어선 단속 통역요원 등 치안 업무 보조
의무소방원	600명	23개월	신검등급 1~3급 (현역 대상)	• 복무 기관: 소방서 및 산하 소방서 • 임무: 화재 진압·응급 환자 이송 등 보조
전문연구요원	2,500명	36개월	박사과정 수료자 (1,000명)	• 박사과정 수료(2년) 후 3년간 개인 박사과정 학업 활동
전문연구요원	2,500명	36개월	석사 이상 학위자	• 지정 연구소에서 근무
산업기능요원	6,000명	34개월	기술면허자 (특성화고)	• 복무 기관: 공업·광업·제조업 등 기업체 • 임무: 생산·제조업무
산업기능요원	6,000명	34개월	후계 농어업인	• 임무: 개인별로 농어업에 종사
산업기능요원	9,000명	26개월	4급(보충역)	
승선근무 예비역	1,000명	5년간 3년 승선	항해사, 기관사	• 복무 기관: 해운·수산업체에서 승선 근무 • 임무: 선박에 승선 근무, 유사시 군수물자 등 국가 중요 물자 수송 업무 지원
공중보건 의사	1,488명	36개월	의사, 한의사, 치과의사	• 복무 기관: 국공립병원, 농어촌 보건지소 • 임무: 병원, 보건소 등에서 의료 종사
병역판정검사 전담의사	53명	36개월	의사, 치과의사	• 복무 기관: 지방병무청 • 임무: 병역의무자 대상 징병신검 실시
공익법무관	219명	36개월	판사, 검사, 변호사	• 복무 기관: 법률구조공단 등에서 근무 • 임무: 법률상담, 소송대리, 법률지원 등
공중방역 수의사	200명	36개월	수의사	• 복무 기관: 시·군·구 및 국립수의과학검역원 • 임무: 방역 활동 및 검역 업무 수행
총계	대체복무 6만 2,017명: 현역 2만 2,984명, 보충역 3만 9,033명			

대체복무의 연간 배정 인원은 매년 해당 기관에 지원하는 인원수이다. 2018년 한 해 동안 각 기관에 배정한 인력을 보면, 의경 등 전환복무로 배정하는 현역인력은 1만 1,524명이다. 전문연구요원, 산업기능요원, 공중보건의사 등으로 배정하는 현역인력은 1만 1,460명이다. 최종적으로 현역 자원으로서 한 해 동안 대체복무 하는 인원은 2만 3,000여 명이다. 마지막으로 4급 보충역은 사회복무요원 3만여 명, 산업기능요원에 지원하는 일부 9,000명이 있다. 보충역 자원으로서 한 해 동안 대체복무 하는 인원은 3만 9,000여 명이다. 이들 배정 인원을 종합하면 한 해 동안 대체복무로 배정 지원한 인력은 총 6만 2,000여 명에 이른다.

반면 복무인원은 현 시점에서 해당 기관에 대체복무로 복무하고 있는 인원의 총합이다. 대체복무 제도별로 복무 기간이 조금씩 다르나 대개 2~3년 정도라 총 복무 인원은 연간 배정 인원의 두세 배에 달하게 된다. 예를 들면, 의무경찰의 경우 21개월 복무 기간을 기준으로 매년 배정하므로 연간 기준에서 보면 그 이전에 복무를 시작한 인원을 포함하여 총 복무 인원은 대략 2년여의 배정 인원을 합한 규모이다. 현 시점을 기준으로 대체복무 형태로 복무하는 인원은 총 13만여 명 수준이다. 요약하면, 현재 대체복무 인원은 연간 배정 인원의 약 두 배 정도가 되는 셈이다.

② 대체복무의 유형별 변동

---

1   대체복무의 유형화

1970년대 이래 대체복무는 각종 병역특례의 이름으로 신설과 통폐합을 반복해왔다. 그러나 개별 제도의 나열로는 대체복무의 변동 과정을 파악하기 어렵다. 이에 따라 대체복무를 최초의 신체등급, 보수 및 처우, 복무 형태, 복무 기관의 성격 등을 종합적으로 고려하여 행정지원, 전환복무, 산업지원, 전문자격자의 공공복무 총 4개 카테고리로 유형화하고자 한다. 개별 제도의 개수는 18개(1970~1980년대) → 8개(1989년) → 12개(1994년) → 16개(2007년) → 14개(2015년) → 12개(2018년)이다.

〈그림 11-1〉(247쪽)에서 개별제도의 신설과 통폐합 연혁을 정리해보았다. 1970년대부터 1980년대까지 특례제도가 집중적으로 신설

세부 제도 명칭	최초의 신체등급	유형별 복무 특징	유형
사회복무요원	보충역 (국제, 체육요원은 현역)	출퇴근 형태, 처우는 현역병과 동일	행정지원 (사회복무)
국제협력요원		외국 복무, 처우는 현역병과 동일	
예술·체육요원		기초훈련 후 관련 분야에서 개인 활동	
의무경찰	현역	경찰관서, 해양경찰, 소방서에 근무 하며, 현역병과 복무 기간·처우 동일	전환복무
해양경찰			
의무소방대			
전문연구요원	현역	민간인 신분으로 연구소 근무 또는 박사과정	산업지원
산업기능요원		민간인 신분으로 사기업에서 근무	
승선근무예비역		민간인 신분으로 승선, 항해 활동	
공중보건의사	현역	전문 자격증을 갖고 계약직 공무원 신분으로 현역 중위 상당의 보수를 받음	전문 자격 공공복무
공익법무관			
징병전담의사			
국제협력의사			
공중방역수의사			

되면서 1983년 당시 대체복무제도의 개수는 방위병제도를 포함하여 총 18개였다. 1989년 제도 통폐합 결과, 대체복무제도는 총 8개로 감소한다.

1994년 병역제도 개편을 계기로 공익근무요원제도 등이 신설되면서 대체복무제도는 총 12개(상근예비역 제외)로 증가하였다. 이후 징병검사전담의사(1999), 의무소방원(2001)이 신설되었다. 이후 2007년 사회복무 체계로의 전환 및 대체복무 감축·폐지계획이 발표됨과 동

〈그림 11-1〉 대체복무의 유형별 변동 연혁

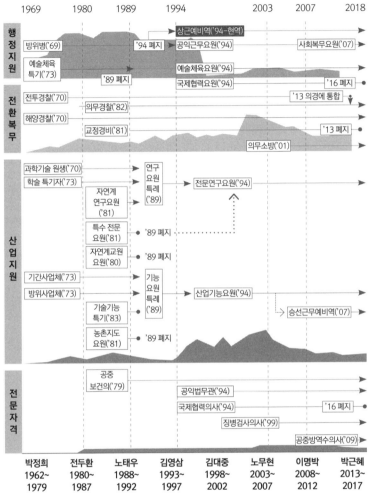

| 1969 | 1980 | 1989 | 1994 | 2003 | 2007 | 2018 |

행정지원
- 방위병('69) → '94 폐지
- 예술체육특기('73) → '89 폐지
- 상근예비역('94-현역)
- 공익근무요원('94) → 사회복무요원('07)
- 예술체육요원('94)
- 국제협력요원('94) → '16 폐지

전환복무
- 전투경찰('70)
- 의무경찰('82) → '13 의경에 통합
- 해양경찰('70)
- 교정경비('81) → '13 폐지
- 의무소방('01)

산업지원
- 과학기술 원생('70)
- 학술 특기자('73) → 연구요원특례('89)
- 자연계 연구요원('81)
- 특수 전문요원('81) → '89 폐지
- 자연계교원요원('80) → '89 폐지
- 전문연구요원('94)
- 기간사업체('73)
- 방위사업체('73) → 기능요원특례('89)
- 기술기능특기('83)
- 농촌지도요원('81) → '89 폐지
- 산업기능요원('94)
- 승선근무예비역('07)

전문자격
- 공중보건의('79)
- 공익법무관('94)
- 국제협력의사('94) → '16 폐지
- 징병검사의사('99)
- 공중방역수의사('09)

| 박정희 1962~1979 | 전두환 1980~1987 | 노태우 1988~1992 | 김영삼 1993~1997 | 김대중 1998~2002 | 노무현 2003~2007 | 이명박 2008~2012 | 박근혜 2013~2017 |

* 도표 내 그래프는 대체복무 4개 유형별 인력 규모

시에 승선근무예비역제도(2007) 등이 신설되었고, 2012년 교정경비교도와 전투경찰제도가 폐지되었다. 2016년 국제협력요원제도가 폐지된 것을 감안하면 현재 대체복무제도의 총 개수는 12개가 된다.

2   유형별 인력 변동

네 가지 유형별 인원 분석 결과, 대체복무 총 인력 규모와 대체복무 내에서의 인력 배분 구조 두 측면에서 모두 김영삼 정부 시기인 1994년, 방위병 폐지와 공익근무요원제도 신설을 계기로 뚜렷한 차이점을 발견할 수 있다.

1970년~1994년 동안 대체복무 인력은 연평균 14만 명 수준이었다. 1970년대 초반부터 방위병을 지원하기 시작한 이래 1994년까지 대체복무 인력의 대부분은 방위병이 차지하였다. 방위병이 연평균 전체의 88% 정도였고, 나머지 전환복무, 산업지원, 공중보건의사는 도합 12% 수준에 불과하였다. 방위병은 1994년 폐지될 때까지 연간 12만~14만 명 수준을 유지하였다.

1995년 공익근무요원제도를 신설하면서 대체복무 연간 총 배정인원은 1995년 6만여 명에서 점증하여 2003년에는 10만여 명까지 증가하였다. 이후 2004년을 전후로 다시 감소하기 시작하여 2018년 기준 연 배정 인원은 6만 2,000여 명 수준이다.

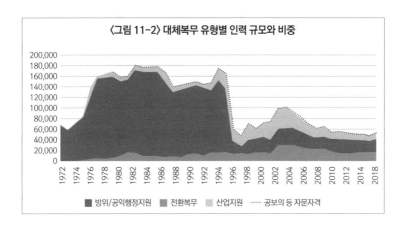

〈그림 11-2〉 대체복무 유형별 인력 규모와 비중

방위/공익행정지원　　전환복무　　산업지원　⋯⋯ 공보의 등 자문자격

대체복무 인력의 유형별 구성 측면에서도 1994년을 전후로 두 시기의 차이가 비교적 명확하다. 1994년 이전까지는 군부대와 예비군 훈련장에 근무하는 방위병이 대부분이었다. 반면, 방위병 제도가 폐지되고 공익근무요원제도가 신설된 이래 모든 대체복무는 국방 분야와 무관한 기관에서 근무하게 되었다. 이들 인력의 절대적 규모도 두 배 이상 증가하여 결과적으로 전환복무, 산업지원, 행정지원 모두 이전 시기보다 더 증가하였다.

요약하면, 절대적 인력 규모 면에서는 1995년 이래 대체복무로 빠지는 인력이 줄어들었지만, 근무 내용과 형태상 국방과 무관한 곳에서 근무하는 행정지원, 전환복무, 산업지원, 전문 자격 복무 인력이 증대하였다.

③
대체복무의 유형별 내용

1   행정지원(보충역)

행정지원은 신체검사 결과 4급 판정을 받은 보충역 자원의 효율적 활용을 위하여 국가기관, 지방자치단체, 공공단체 및 사회복지시설 등 공익 목적 수행에 필요한 분야에서 복무하는 형태이다.

연혁적으로는 1969년 도입된 방위병제도를 시초로 본다. 방위병 소집제도는 1960년대 기간 잉여 병역자원의 누적 문제와 1968년 발발한 1·21사태로 인한 향토지역 방위 강화의 필요성 두 차원에서 도입되었다. 방위병제도는 군대나 예비군부대에 근무하면서 군에서 필요로 하는 임무를 지원한 것으로 성격상 군 복무에 가장 가깝다. 군부대에 출퇴근 근무하면서 현역병보다 복무 기간이 짧았다. 현역병이 상대적으로 복무 기간이 30~36개월 정도로 긴 반면, 방위병의 복무기간은 짧았기 때문에 방위병으로 빠지기 위한 각종 편법이 생겨났다.

이에 1990년대 초 방위병과 관련한 병역비리 문제가 커지자 1993년 말 방위병제도를 폐지하였다. 그러면서 남는 인원의 병역의무 이행을 위해 공익근무요원제도(보충역)와 상근예비역제도(현역)를 신설하였다. 공익근무요원은 정부부처, 국가 및 공공기관, 지방 행정관서 등에서 복무하고, 현역병에 준하는 보수·처우를 받았으며, 복무 기간은 28개월로 현역병 복무 기간(1994년 육군 26개월)보다 길었다.

2007년 정부는 국방개혁의 일환으로 예외 없는 병역 이행을 위해 군 입대를 하지 않는 병역의무자는 중증장애인을 제외하고 원칙적으로 모두 사회복무요원으로 복무하도록 하였다. 공식적으로는 2013년 기존의 공익근무요원 명칭을 사회복무요원으로 변경하고 복무 기관도 사회복지 기관 위주로 복무하도록 계획하였다.

예술·체육요원제도는 국위 선양 및 문화 창달에 기여한 예술·체육 특기 소지자에 대하여 군 복무 대신 예술·체육요원으로 복무하게 하는 제도이다.[24] 예술·체육요원으로 편입되면, 4주간의 기초 군사훈련을 받은 후 자기 분야에서 개인 활동을 한다. 프로구단, 무용단, 교육기관 등 개인이 자신의 분야에서 어느 기관에 소속되어 활동하면 된다. 이런 복무 형태 때문에 예술·체육요원은 사실상 병역면제라는 비판이 끊이지 않았다.[25] 현재는 제도를 일부 개선하여 개인의 특기를 활용한 봉사활동 의무를 부과하고 있다.

전환복무는 「병역법」 제2조와 제25조에 근거하여 현역병 판정을 받은 병역자원이 군대가 아닌 경찰 등 치안 기관에 전·의경, 해경 등으로 복무하는 형태이다. 이들은 현역으로 군에 입대하여 기초 군사 훈련을 받은 다음 전경이나 의경, 해양경찰, 의무소방원으로 신분이 전환되어 치안 기관에 근무한다는 점에서 '전환복무요원'이라고 부른다.

전경은 경찰청장 또는 해양경찰청장 등 수요 기관의 장이 국방부 장관에게 필요한 인원의 배정을 요청하면, 국방부장관이 현역병 기초 훈련을 마친 자 중 필요한 인원을 전환복무시켰다. 전환복무요원은 기본적으로 현역병과 유사하게 영내 집단생활을 하며 복무 기간, 보수 등 처우 및 업무 난이도 면에서 현역과 유사하다.

제도적으로 전투경찰 선발 과정은 지속적으로 비판의 대상이 되었다. 현역병 입영자 중 본인의 의사와 상관없이 경찰기관의 필요에 따라 강제로 선발, 차출해갔다. 특히 대간첩작전과 무관한 국내 시위 진압 임무에 동원되는 일이 많아 현역병으로 입영한 자의 자기결정권, 양심의 자유 등을 침해한다는 점도 문제였다.[26] 상기 논란으로 2012년 국방부는 경찰과의 협의를 거쳐 현역병에서 전경에 강제 차출하는 제도를 폐지하였다. 전경의 임무는 의경에 통합함으로써 현재 지원에 의한 의경만 선발하고 있다.

인력 규모면에서 전환복무요원은 1970~1980년대 1만여 명 내외였으나, 1994년 이후 1만 5,000~2만 5,000여 명 규모로 크게 증가하였다. 2001년 2만 9,000만여 명까지 증가한 후 한동안 확대된 규모를 유지하다가 현재 1만 6,700여 명 규모를 유지하고 있다. 기존 전경 인력만큼 의경에 배정하여 인원은 안정적 수준을 유지해왔다.

의무소방원제도는 2001년 서울 홍제동에서 발생한 대형 화재로 소방관 6명이 숨지는 참사가 벌어진 뒤 소방 인력 보강을 위해 2002년 3년 기간으로 한시적으로 만들어졌다. 의무소방원은 현역자원 중 지원에 의해 선발하며, 군 복무를 대신해 일선 소방서에 배치되어 장비 준비와 점검 등 화재 진압 보조 업무를 한다.

3 산업지원

산업지원 대체복무는 현역자원이 군이 아닌 민간 기업, 대학, 연구소 등 민간 기관에 복무하는 유형이다. 현재의 산업기능요원 및 전문연구요원에 해당하는 산업지원 대체복무는 1973년 병역특례법상 한국과학원KAIST 대학원생과 기간산업·방위산업체 종사자에 대해 허용하던 '특례보충역' 제도가 시초이다.

1970년대 박정희 정부 시절부터 산업·경제적 필요에 따라 중공업, 농업, 해양수산업, 광업, 중소기업 혹은 대기업 등 육성 지원 분야를 달리하여 여러 제도를 신설, 운용해왔다.

산업기능요원의 근무 분야 중에 배에 승선하는 요원에 대한 특례가 있었다. 그러나 2007년 대체복무 감축·폐지 계획이 구체화되자 국회에서는 윤원호 의원을 대표로 한 승선근무예비역 대체복무를 신설하는 「병역법」 개정안이 발의(2007.5.29)되었다. 승선근무예비역에 대한 대체복무제도 도입안은 두 달 만인 7월 27일 국회에서 통과되었다.[27]

산업지원 대체복무는 본인의 전문기술이나 연구 분야에서 계속 복무함으로써 민간인의 취업과 다르지 않다. 근무 중 신분도 공무원이나 군인이 아니라, 민간인 신분이다. 다른 한편, 이들은 군 복무를 대신하여 해당 업체나 학교, 연구소 등에 근무하는 것이므로 권리보호의 사각지대에 놓여있기도 하다. 특히 산업기능요원 및 승선근무예비역에 대한 인권침해 사례도 적잖게 드러나고 있다.[28]

한편 정부는 2011년 3월 24일 결정된 「산업기능요원제도 운용지침」을 통해 방법론적 제도 개선을 모색하였다. 산업기능요원으로 갈 수 있는 사람(배정 인원)을 특성화고, 마이스터고 졸업생으로 한정함으로써 일자리를 보장하고, 중소기업의 인력난 해소에도 기여하고자 하였다. 그 결과 2012년 전체 산업기능요원의 29.1%(1,075명)에 불과했던 고교 졸업 취업자들이 2014년에는 100%(3,530명)로 증가하였다.

전문연구요원은 연구소 근무 전문연구요원과 박사과정 학생 전문연구요원 두 가지다. 편입 자격은 연구소 근무 전문연구요원은 자연계 석사 이상 학위취득자로 기업(중소·중견)부설·대학부설·국공립 연구소 등 지정기관(업체)에 종사한다. 박사과정 전문연구요원은 자연계 대학원의 박사학위 과정을 수료한 사람으로서 이들은 다른 기관에 취직하지 않고, 학교에 다니는 기간을 복무 기간으로 인정한다. 박사과정 전문연구요원도 일반대학 박사과정과 KAIST 계열 박사과정자의 편입 절차가 다르다. KAIST 계열 과학기술원은 「특정연구기관육성법」에 의해 지정된 연구기관으로서 박사과정 학생 전원(대략 400여 명)을 전문연구요원으로 지정해주고 있다. 일반 대학의 이공계 박사과정에 있는 학생은 매년 실시되는 전문연구요원 편입시험에 응모하여 전문연구요원에 선발(대략 600여 명)될 수 있다.

4 전문 자격 공공복무

전문 자격 공공복무는 의사, 변호사, 수의사 등 특수한 전문 자격을 가진 병역의무 대상자에 한하여 해당 분야의 공공기관에 공익 목적으로 복무하는 형태이다. 전문 자격 공공복무는 군에 배치하고 남는 의사 인력을 「농어촌 등 보건의료를 위한 특별조치법」(1979)에 따라 군 이외 농어촌 등에서 공익목적의 의료 인력인 공중보건의사로 활용한 것이 시초이다.

현재 보건소, 국립병원 등에 복무하는 공중보건의, 병무청에서 병역판정검사를 전담하는 병역판정검사 전담 의사, 법률공단 등에 근무하는 공익법무관, 지방자치단체 등에서 방역활동을 지원하는 공중방역수의사가 있다. 해외 개발도상국이나 저개발국에 파견하는 국제협력의사제도도 있었으나 최근 폐지되었다.

공익법무관은 1994년 「공익법무관에 관한 법률」에 근거하여 신설된 제도로서 변호사 자격이 있는 사람 중 현역 법무장교 수요를 충원하고 남은 사람을 자원할 경우 보충역에 편입시켜 법률구조 업무 또는 국가소송 업무에 3년간 종사하도록 하는 제도이다. 마지막으로 2007년 신설된 공중방역수의사는 「공중방역수의사에 관한 법률」에 근거하여 도입된 제도로서 수의사 자격이 있는 사람으로서 현역 수의장교의 필요 인원을 충원하고 남은 사람을 자원할 경우 시·도·검역원 등에서 가축방역 업무에 3년간 종사하도록 하고 있다.

④
외국 사례

━━━━━

대체복무제도는 징병제 국가에서 일정 연령의 남성들에게 병역의무를 부과한 상태에서 일부에 한해 군 복무 이외 다른 형태의 복무를 허용해주는 것이다. 따라서 징병제 국가에서만 운용하는 제도이지만, 한국과 유사한 형태의 대체복무는 징병제 국가에서도 찾기 어렵다.

이는 세계적으로 징병제에서 모병제로 대부분 전환하고 있는 시점에서 한계가 가장 크다. 또한 징병제를 운영하던 과거에도 한국과 유사한 형태로 기업이나 민간기관에서 대체복무하는 사례는 거의 없다. 대표적으로 미국, 영국, 유럽 국가들은 징병제를 유지하던 기간에도 한국과 유사한 대체복무를 운용하지 않았다.

서구에서 징병제 유지 당시 운용해왔던 대체복무는 대부분 신념 혹은 종교적 사유에 의한 대체복무였다. 병역거부자들이나 대체복무를 희망하는 자는 엄격한 심사를 받긴 하지만, 종교적 자유를 존중해온 오랜 역사성을 토대로 광범위하게 인정되었다. 따라서 외국의 대체복무 정책은 대체복무를 신청하고 허용하는 이유가 병역의무자 개인에서 비롯된다. 국가가 최종적으로 대체복무를 허용할지 심사로 결정하지만 대체복무 신청 사유와 목적 자체는 궁극적으로 개인으로부터 기인한다.

2011년 7월부로 모병제 전환을 완료한 독일은 그때까지 징병제를 유지하던 기간에 대체복무를 운용하였다. 모병제 전환을 완료한 현재 더 이상 대체복무를 운영하지 않는다. 1949년 독일은 과거 역사에 대한 반성 차원에서 양심 및 종교상의 이유로 전투 행위를 거부하는 사람에 대한 대체복무제도의 근거를 헌법에 직접 규정하였다.[29] 이후 1956년 「병역법」에 따라 징병제를 시행하면서부터 양심이나 종교 등 각종 신념에 의한 병역거부자에 대해 대체복무제도Zivildienst, 민사복무 를 폭넓게 허용하였다. 심사 인정률이 상당히 높아 사실상 병역의무 이행의 형태를 각 징집 대상자가 선택할 수 있는 가능성을 바탕으로 제도화하였다.[30]

강한 징병제를 유지하고 있는 이스라엘에서도 한국과 같은 형태의 병역특례나 대체복무는 없고, 일부 종교적 원리주의자들을 위한 대체복무를 허용하고 있다. 과거에는 원리주의자들의 병역을 면제하였으나 그 수가 급증하면서 최근 논란이 되고 있다. 아예 군부대 내에 이들로 구성된 부대와 훈련 복무 프로그램을 별도로 만들어 복무하게 하는 시도도 있었다.[31]

역사와 쟁점으로 살펴보는 한국의 병역제도

싱가포르는 대체복무와 병역면제 없이 원칙적으로 모든 병역자원이 군에 복무하도록 하고 있다. 즉 모든 병역의무 대상자를 신체등급으로 나누고 현역 부적합자나 장애인 등 개인적 조건상 전투임무가 어려운 자는 군부대 내에서 행정 지원업무를 수행하도록 하고 있다. 이는 징병제를 유지하되 싱가포르 인구 자체가 현저히 적어 모든 병역자원을 활용해야 하기 때문이다.

요약하면, 세계적으로 징병제를 유지하는 국가나 혹은 과거에 징병제를 유지하던 시기에 한국과 유사하게 민간 기업이나 기관에 복무하는 대체복무나 병역특례는 찾아보기 힘들다.

5

양심적 병역거부자의 대체복무

―――――

서구에서는 수세기에 걸친 종교전쟁 과정에서 현실적으로 다양한 종교에 대한 관용과 타협의 결과, 징병제를 운용하면서 종교 등 개인적 신념에 따른 대체복무를 허용해왔다. 관련된 종교도 특정 종교가 아니라 비교적 다양하다. 그러나 서구의 역사적 배경과 상황이 다른 한국에서 '양심적 병역거부자에 대한 대체복무' 허용 문제는 쉬운 문제가 아니다. 그러나 최근 헌법재판소에서 '양심적 병역거부'를 사실상 인정하는 판결을 함으로써 새 국면에 들어섰다.

먼저 용어와 관련하여 일반적으로 '양심적 병역거부자'^{Conscientious Objection} 에 대해 그동안 우리 정부는 공식적으로 '입영 및 집총 거부자'라는 용어로 지칭하며 사용해왔다. 이는 한국의 병역제도 내에서 종교적 사유에 의한 병역거부나 대체복무를 허용하는 제도가 없었고, 따라서 실제 이들의 병역거부가 양심에 의한 것인지, 종교적 사유에 의한 것인지 아닌지를 확인할 수 없었다. 따라서 외형상 명백하게 나타나는 '입영 및 집총거부'라는 행위 결과를 기준으로 지칭해온 것이다. 다만, 2018년 헌법재판소가 결정문에서 소위 '양심적 병역거부'라는 일반적 용어를 사용하였기 때문에 이 용어를 완전히 배제하기는 어렵다. 다만 헌재도 '양심'이 "도덕적이거나 정당하다는 것은 결코 아니다"라고 하였으며, 대법원도 "착한 마음이나 올바른 생각을 가리키는 것이 아니"라고 한 바 있다.

한편 이들의 제도적 허용과 관련하여 한국 정부에서는 그간 '입영 및 집총 거부자'들에 대해 「병역법」 제88조(입영의 기피) 조항을 근거로 처벌해왔다. 이에 대한 위헌 소송이 여러 번 있었으나 헌법재판소는 2004년 8월과 10월, 2011년 8월 세 차례에 걸쳐 모두 해당 「병역법」 조항이 위헌이 아님, 즉 정당하다고 판단하였다.[32] 그러다가 2018년 6월 28일 헌재는 「병역법」에 대한 헌법소원·위헌법률심판 사건에서 「병역법」 제5조는 종교적인 이유로 현역, 보충역, 예비역 복무를 할 수 없는 이들에 대한 대체복무를 규정하고 있지 않은 것은 헌법상 양심의 자유를 침해하고 있다는 이유로 '헌법불합치' 결정을 내렸다. 다만 소위 '양심적 병역거부자'에 대해 3년 이하의 징역 처벌을 규정한 「병역법」 제88조 1항은 재판관 4(합헌) 대 4(위헌) 대 1(각하) 의견으로 합헌 결정을 유지하였다.

헌재의 판결 이후 정부에서는 다양한 의견 수렴을 거쳐 종교적 신앙 등에 따른 병역거부자에 대해 새로운 대체복무 방안을 설계하였다. 기본 방향은 첫째, 대체복무 방안이 병역기피 수단으로 악용되지 않도록 엄격하게 설계하되, 병역의 형평성을 유지하는 수준으로 설정한다. 둘째, 안보 태세에 지장이 없는 범위 내에서 국제 인권기구 권고사항 등 국제 규범을 최대한 존중한다. 셋째, 이들의 복무 기간은 기존 다른 대체복무자(34~36개월)와의 형평성을 유지하고, 병역기피 수단으로 악용되는 것을 방지하기 위해 적절하면서도 충분한 기간을 선정할 필요가 있다.

1년이 넘는 의견수렴 기간과 법 제도적 장치 준비 기간을 거쳐 「대체역의 편입 및 복무 등에 관한 법률」 제정안 및 「병역법」 개정안이 최종적으로 2019년 12월 27일 국회 본회의를 통과하였다. 용어는 '종교적 신앙 등에 따른 병역거부자 대체복무'로 사용하기로 하였다. 국방부는 "대체복무제 용어를 둘러싼 불필요한 논란을 최소화하고 국민적 우려를 해소하기 위해 앞으로 양심·신념·양심적 등과 같은 용어는 사용하지 않을 것"이라고 밝혔다.

'종교적 병역거부자'들에 대해서는 사회복무요원, 산업기능요원, 공보의 등 기존의 다른 대체복무와 구별되도록 '대체역'을 별도로 신설하였다. 대체복무 기간은 36개월로 하고, 교정시설 등 대통령령으로 정하는 기관에서 합숙 복무하게 된다. 대체역 편입신청 등을 심사·의결하기 위해 병무청 소속으로 '대체역 심사위원회'를 둔다. 편입신청 대상은 현역병 입영 대상자, 사회복무요원 소집 대상자 및 복무를 마친 사람이며 현역병 등으로 복무 중인 사람은 제외된다. 대체역은 교정 시설에서 36개월 합숙 복무하고, 복무를 마친 뒤 8년 차까지 교정 시설에서 예비군 대체복무를 하게 된다. 대체복무 대상자가 소집 통지서를 받고도 무단으로 응하지 않을 경우에는 3년 이하의 징역에 처하도록 하였다. 대체역 편입을 위해 거짓 서류를 작성·제출하거나 거짓 진술을 할 경우엔 1~5년의 징역에 각각 처하는 처벌 규정도 신설하였다.[33] 실제 복무는 하위 법령과 심사를 위한 조직 및 복무 합숙 시설 등이 준비되는 2020년 하반기부터 시작될 것으로 예상된다.

★

미래 병역제도의 방향

미래 병역자원의
수급 환경과 도전 과제

미래 우리 사회의 변화를 이끄는 거대한 흐름은 저출산, 저성장 그리고 과학기술의 고도화로 압축할 수 있다. 이러한 흐름은 그 자체가 문제이거나 축복이라고 단정하기 어렵다. 다만 이 흐름 자체를 거역하거나 되돌리기 어렵다는 점은 확실하다. 지금까지 한국에서 국방 영역과 일반 사회 영역은 병역제도를 매개로 치밀하게 연결되어 왔다. 인구 감소 시대에 들어서면서 두 영역을 연결하고 있던 끈이 팽팽해지고 있다. 이에 따라 우리 군도 다양한 도전 과제에 직면해 있다.

① 미래 우리 사회의 변화

2018년 《수축사회》라는 책에서 홍성국은 전 세계적으로 성장을 낙관할 수 있던 팽창사회가 점차 끝나고 사회 시스템이 수축사회로 전환을 맞이하고 있다고 하였다. 여기서 '수축사회'란 저성장 기조가 장기간 지속되면서 정치, 경제, 환경을 비롯한 사회 모든 영역의 기초 골격이 바뀌고 인간의 행동 규범, 사고방식까지 영향을 미치는 현상을 지칭하는 말이다.[1]

르네상스와 산업혁명 이후 수백 년 동안은 계속 파이가 커져가는 팽창사회였다. 팽창사회는 인구가 계속 늘어나는 데서 형성되었고 성장하였다. 그러나 20세기 후반을 정점으로 팽창사회는 서서히 바뀌고 있다. 지역이나 국가에 따라 전환의 속도와 양상은 조금씩 다르지만, 근본적인 원인은 같다. 바로 인구구조의 변화이다. 선진국을 중심으로 인구구조는 이미 역피라미드 형태로 바뀌고 있고 이러한 추세는 돌이킬 수 없을 것이다.

이번 장에서는 미래 우리 사회의 변화 양상을 훑어보고 그것이 국방 분야나 군에 미치는 영향을 살펴보고자 한다. 미래의 변화 양상은 사실 한국에 국한된 문제가 아니며 선진국은 이미 경험하고 있다. 따라서 선진국들이 이들 변화에 대응한 군 인력 정책은 우리에게 실용적인 시사점을 줄 것이다.

미래의 변화 양상에 대해서 다양한 예측과 전망이 있다. 노훈 한국국방연구원장은 2010년 국방 전문가들과 함께 미래 전망 중 국방 분야에 영향이 클 것으로 보이는 몇 가지 트렌드에 주목하였다. 이들이 주목한 미래 변화 양상은 국방뿐만 아니라 우리 사회 전체에 영향을 미치고 있다.[2] 대표적으로 인구구조, 사회경제, 과학기술 세 가지 측면에서 미래 우리 사회의 변화를 살펴보고자 한다.

1   **인구구조의 변화: 저출산 고령화**

아마도 전 세계적으로 다가올 미래에 거역할 수 없는 가장 확실한 것은 저출산과 고령화[3]일 것이다. 한국은 6·25전쟁 후 전후 복구가 진행되고 사회가 조금씩 안정되면서 출산율이 급격히 상승하기 시작하였다. 1960년 우리나라의 합계출산율[4]은 6.33명으로 정점을 찍었다. 이에 정부는 1961년 인구증가 억제정책을 수립하고, 1962년 경제개발 5개년 계획에서 가족계획사업을 최초로 추진한다. 이후 출산율은 1970년 4.5명, 1980년 2.83명, 2000년 1.51명, 2010년 1.23명으로 계속 감소해왔다.[5]

최근 통계청이 발표한 실제 출생아수도 지속적으로 감소하여 2015년 43만 8,000명이었던 것이 2030년 40만 9,000명, 2040년 32만 5,000명으로 줄어들 것으로 예상된다. 남녀의 비율이 거의 대등하므로 출생아수를 기준으로 20년 후 병역의무 대상자가 되는 20세 남자 인구수를 추산하면 2030년에는 약 20만 명, 2040년에는 약 16만 명 규모라 예측할 수 있다. 인구 추계 전망이 매번 일부 달라지긴 하지만, 분명한 것은 미래로 갈수록 인구수 전망치가 급격히 더 떨어진다는 점이다.

저출산은 경제 부문에서 생산가능인구의 감소로 직결된다. 통계청의 장래 인구 추세에 따르면 2017년부터 15~64세의 생산가능인구가 감소하기 시작하고, 1960년대 베이비붐 세대가 노년층에 진입하는 2020년을 기점으로 노인 인구가 급격하게 늘어나며, 반대로 생산가능인구는 급감한다. 생산가능인구의 감소와 고령화 시대로의 진입으로 국가 전체적으로는 왕성하게 일할 사람들이 줄어들면서 국가 재정 상태가 악화될 것으로 전망된다. 생산가능인구의 평균연령도 2005년 38세에서 2030년 43.2세로 늘어남에 따라 노동생산성 저하가 우려되고 있다.[6]

그간 우리 정부에서도 출산율 제고를 위해 다각도로 노력해왔다.

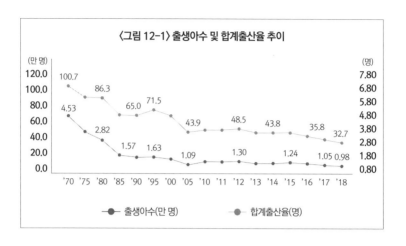

〈그림 12-1〉 출생아수 및 합계출산율 추이

그러나 급격한 저출산 추세로 한국은 경제협력개발기구^{OECD} 회원국 중 유일하게 합계출산율이 1 미만(0.98)이며, 출생아수도 30만 명(2018년 32.7만 명)이 위협받는 수준에 와 있다. 다른 나라와 비교해볼 때 합계출산율(2017년 기준) 한국은 0.98(2018), 미국 1.77, 일본 1.43이며, OECD 평균은 1.65이다. 그뿐만 아니라, 낮은 출산율, 기대수명 증가 등으로 급속한 고령화가 진행 중이다. 한국은 고령사회(14% 이상, 2018년)를 지나 2025년경에는 초고령 사회(20% 이상)에 진입할 것으로 전망된다. 최근 관계부처 합동으로 구성된 범정부 인구정책 테스크 포스^{TF}에서도 공식적으로 우리나라의 총인구 감소 시점을 기존 2032년으로 판단하였던 것에서 2029년으로 조정하였다. 총인구 감소 시점이 3년 더 앞당겨졌다.[7]

위 〈그림 12-1〉에서 보듯이 출생아수는 줄어들고 있으며, 〈그림

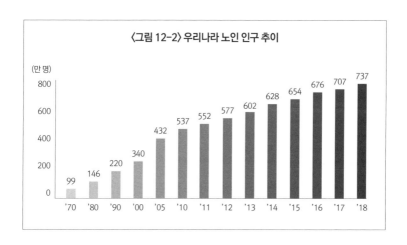

〈그림 12-2〉 우리나라 노인 인구 추이

(만 명)

- '70: 99
- '80: 146
- '90: 220
- '00: 340
- '05: 432
- '10: 537
- '11: 552
- '12: 577
- '13: 602
- '14: 628
- '15: 654
- '16: 676
- '17: 707
- '18: 737

12-2〉와 같이 노인 인구는 늘어나고 있다. 모든 인구통계지표가 일관되게 2020년 이후 한국의 청년 인구가 급감하고, 인구 하락 추세가 2060년대까지 계속될 것임을 보여주고 있다.

사실 저출산 그 자체가 좋거나 나쁘다고 단정하긴 어렵다. 다만, 기본적으로 현대 국가에서는 소비와 생산의 주체가 인구라는 점에서 인구 총량의 감소는 모든 경제사회 활동에 직접적인 영향을 미칠 것이 확실하다. 그뿐만 아니라 생산가능인구의 감소와 노인 인구의 증가는 사회적으로 부양해야 하는 인구층을 늘려 복지 및 연금 재정 수요를 증가시킨다. 이는 개인뿐만 아니라 정부와 사회적으로도 큰 부담이 된다.

인구구조의 변화는 경제성장에 직접적 영향을 미친다. 한국은행이 2017년에 발간한 「인구고령화가 경제성장에 미치는 영향」 보고서 (2017.7.)에 따르면, 지금과 같은 고령화 추세가 이어질 경우 2000~ 2015년 연평균 3.9%인 경제성장률이 2016~2025년 중에는 연평균 1.9%, 2026년 이후에는 연평균 0.4%까지 하락한다고 보았다.

특히 2019년 말부터 코로나19 팬데믹(감염병 세계적 대유행)이 급격히 확산되면서 전 세계가 소비, 투자, 무역, 교육 등 전 측면에서 위축된 시기를 보내고 있다. 보건의료 측면뿐만 아니라 경제 상업 활동, 교육 문화 활동, 스포츠 관광 등 거의 모든 분야에서 대외활동과 교류가 위축되고 있다. 이번 감염병에 의한 경기침체가 예외적이고 일시적일 수는 있으나, 이전으로 완전히 돌아가기 어렵다는 전망이 지배적이다.

그러나 어떤 형태의 회복이든 한국에서도 3~4% 정도 이상의 성장률을 다시 기대하기는 어려울 것으로 보인다. 이런 점에서 김상봉 한성대 경제학과 교수는 한국 경제에 닥칠 미래는 코로나19의 지속 기간에 달려 있다고 하였다. 다만 현재 우리의 산업구조 등을 고려할 때 회복하더라도 과거처럼 2% 이상 성장하기는 어렵다고 한다.[8] 완만한 회복 또는 L자형의 장기 저성장 전망이 유력하다. 이런 점에서 코로나19 사태 이전에 이미 한국을 비롯하여 선진국들이 2020년대 이후의 경제성장을 장기 저성장 시대로 전망한 것이 여전히 유효할 것으로 보인다. 완만한 회복 또는 L자형의 장기 저성장이 유력하다.

물론 경제성장률이 떨어진다는 것만으로 국가의 재정 상태가 급격히 악화된다고 단정하기는 어렵다. 이는 마치 아이들이 성장할 때는 매년 키가 쑥쑥 크는 반면, 어느 정도 성장하여 어른이 된 다음부터는 거의 새로 자라기 어려운 것과 비슷하다. 그럼에도 불구하고 한 국가의 경제 활력과 국민 생활 수준의 향상, 적정한 복지 의료 서비스의 제공을 위해선 지속적이고 안정적인 경제성장이 중요하다.

경제 저성장이 예상되는 반면, 국가적으로 필요한 돈, 즉 재정 소요는 더 늘어날 것이다. 청년들의 노인 부양 부담이 급격히 상승한다. 노인 1명을 부양하기 위해 필요한 경제활동자를 의미하는 노인 1인당 부양자수가 2005년 8명이었다. 이는 노인 의료비, 연금, 복지, 요양 측면에서 청장년층 8명이 노인 1명을 부양하면 된다는 의미이다. 그러나 노인 1인당 부양자 수가 2022년에는 4명, 2037년에는 2명으로 줄어들 것으로 전망된다.[9] 2037년이면 청년 2명이 노인 1명을 부양해야 한다는 의미는 그동안 8명이 노인 부양의 부담을 나누다가 2명이 부담해야 한다는 말이다.

더구나 취업이 어려워지면서 결혼 연령이 늦어지고 출산율도 급격히 감소하고 있다. 전통적인 가족 기능이 약화되면 노인 부양 부담은 국가 전체적으로 확산되고 더 커질 수밖에 없다. 정부 재정 측면에서는 고령화로 인한 연금 부담이 급격히 상승하며, 이는 복지예산 부담이 상승한다는 의미이다. 여기에 더해 감염병이나 기후 환경 변화에 따른 문제가 발생하면 정부의 재정 부담이 불가피하게 된다. 국가 재정의 우선순위가 급격히 바뀔 것이다.

한편 인구 감소는 역으로 개개인의 인권에 대한 중요성을 가중시킨다. 사람이 귀해지기 때문에 양질의 육아와 보육환경에 대한 수요가 높아질 것이다. 이는 남녀 모두 경제활동을 해야 하는 환경과 맞물려 쉽지 않은 과제가 되리라 예상한다. 선진국으로 갈수록 보육과 육아 부담이 국가 등 공동체 시스템이 분담하는 형태로 바뀌는 양상을 보인다. 우리나라도 이러한 변화 추세에서 크게 벗어나지 않을 것이고, 그렇다면 성장의 혜택과 부담도 같이 따라올 것이다.

3   **과학기술의 고도화**

과학기술의 고도화 및 발전 가속화, 네트워크 생활문화의 확산은 21세기에 두드러진 특징이다. 18세기 산업혁명 이후 혁신적 과학기술의 발전은 항상 있었지만, 최근의 발전은 속도와 규모 면에서 분명 과거와 다르다. 특히 과학기술의 발전은 기술 그 자체의 고도화 외에 컴퓨터와 스마트폰을 중심으로 한 기술의 상호 융합, 사용자의 네트워크화가 특징이다. 이를 가리켜 기술에 기반한 초연결사회라고도 한다.

기술의 고도화는 일자리의 규모와 형태에 직접적 영향을 미친다. 인구가 감소하면서 사회에서 개개인이 중요해지면 단순노동 분야, 위험 업무 등은 과학기술과 자동화 영역으로 대체될 수밖에 없다. 변화의 방향은 분야별 비용 효과에 따라 과학기술을 선도하는 고임금 지식개발시장과 단순노동 분야의 저임금 노동집약시장으로 이원화될 가능성이 크다. 컴퓨터공학, 소프트웨어 개발, 빅 데이터를 활용한 인공지능AI 연관 분야와 창조적 업무 등은 소수의 전문가가 수행할 것이며 그 수요는 더 증가할 것으로 보인다.

반면 단순노동 분야는 모두 기계가 대체하는 것이 아니라 업무 내용 등에 따라 달라질 것으로 보인다. 업무 분야 및 유형에 따라 기계 대체 비용이 단기적으로 더 많이 들고, 고용 인력을 유지하는 것이 더 효율적이라면 단순노동 분야는 상당 기간 유지될 수도 있다.

한편 기술적으로 고위험 업무, 인간이 수행하는 것보다 효율성이 훨씬 높은 분야 그리고 고도의 정밀성이 요구되는 분야 등에서는 무인기술, AI, 로봇 등이 더 많이 활용될 것으로 보인다. 또한 기술의 발전과 동시에 비대면 접촉의 필요성이 커지면서 인터넷이나 무인기술을 활용한 업무가 더 일상화될 것이다. 새로운 일이 늘어난다기보다 기존에 하던 일의 작업 방식, 근무 형태, 커뮤니케이션 방식이 달라진다고 보는 편이 합리적일 것이다.

2

사회 변화가 군에 주는 도전 과제들

앞서 서술한 작금의 변화는 국가 안보의 중점에도 변화를 초래한다. 안보 측면에서는 남북관계의 불확실성과 동북아 지역에서 주요 강대국간 관계의 불안정성이 계속될 것으로 보인다. 상대 국가나 가상의 적 위협에 대비해 군을 중심으로 군사력을 유지해온 전통적 국가 안보 개념에도 변화가 올 것이다. 특히 최근의 감염병의 확산을 계기로 고려대 정치외교학과 김남국 교수는 "국가 안보에서 인간 안보로 초점이 이동함에 따라 주권 개념 역시 국민을 '통제할 수 있는 권리'에서 그들을 '보호해야 할 책임'으로 의미가 변화하고 있다"고 강조하였다.[10] 문제는 한국의 경우, 전통적 군사 안보 위협이 사라지지 않은 상황에서 새로운 위험 요인이 덧붙여지고 있다는 점이다.

역사와 쟁점으로 살펴보는 한국의 병역제도

인구구조는 군 병력 유지와 밀접한 관계가 있는바, 대규모의 지상군을 유지해온 우리 군으로서는 미래 인구 변화에 큰 영향을 받을 수밖에 없다. 저출산, 고령화라는 인구 변화는 징병제와 지상군 중심의 대군大軍을 유지해온 우리 군에 직접적 영향을 미친다.

저출산으로 남자 청년 인구가 급감하여 2020년대 이후에는 20세 남자 인구가 22만 명 수준으로 급감하고 이러한 추세는 만성화될 전망이다. 20세 남자 인구 규모는 20년 전 출생률에 평균 생존율 등을 적용하여 계산한 것으로 2040년까지는 이미 어느 정도 계산이 끝난 셈이다. 2019년 11월 기획재정부, 교육부, 행정안전부와 국방부 등은 관계부처 합동으로 '범부처 인구정책 TF'를 만들고 인구구조 변화에 따른 정책 대응 방안을 발표하였다.[11]

범부처 인구정책 TF의 발표에 의하면 20세 남자 인구는 2016년 36만 명으로 정점을 찍은 뒤 2020년 33만 3,000명에서 급감하기 시작하여 2025년 22만 5,000명 정도로 줄어든다. 불과 5년 만에 20세 남자 인구가 10만여 명 이상 줄어드는 것이다. 이후 소폭의 등락은 있으나 2034년까지는 22만 5,000명 수준을 유지할 것으로 보인다. 그러나 이 규모는 곧 감소하기 시작하여 2038년 16만 1,000명으로 급감할 것으로 전망된다.[12] 이는 2018년 출생아수가 32만 명으로 급감한 데 따른 산술적 계산 결과이다.

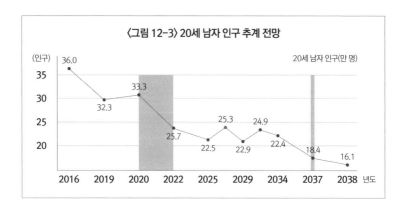

〈그림 12-3〉 20세 남자 인구 추계 전망

(인구) 36.0

20세 남자 인구(만 명)

35

32.3

30

33.3

25.3   24.9

25

25.7   22.5   22.9   22.4   18.4   16.1

20

2016   2019   2020   2022   2025   2029   2034   2037   2038   년도

적정 군사력을 유지하기 위해 매년 군 수요만큼 청년들을 징집해야 하는 우리 군에 청년 인구의 감소는 곧 병역자원의 부족으로 직결된다. 병역자원이 부족해짐에 따라 2020년대 초반 이후 상황에 따라서는 현역판정률을 다시 높여야 할 수도 있다. 현재의 82% 현역판정률은 청년 인구가 일시적으로 많아져 입영 적체가 심해지자 2015년 신체검사 기준을 높인 결과이다. 신검 기준을 높이면 현역으로 판정받는 비율이 낮아지는 점을 이용한 것이다. 따라서 향후 인구가 줄어들면 반대로 신검 기준을 낮춰 현역으로 오는 사람들을 늘려야 할지도 모른다. 유사한 내용의 언론 보도도 있었다.[13] 그러나 이에 대해서는 우려도 적지 않다.

또한 고령화로 사회에서도 국가 생산력 제고를 위해 노동력으로서의 청년 인력에 대한 수요 압박이 더 커질 것이다. 청년 인구가 급감하면서 군뿐만 아니라 대학, 공장, 기업 등 사회 전반적으로도 청년 인구에 대한 수요가 증가할 가능성이 크다. 이렇게 되면, 저출산에 따른 청

역사와 쟁점으로 살펴보는 한국의 병역제도

년 인구의 부족이 단지 군만의 문제로 국한되지 않는다.

2   **재정 우선순위의 변화와 국방비 압력**

앞서 2020년대부터는 경제적으로 완만한 저성장 시대가 계속될 것
으로 예측한바 있다. 저성장은 고령화와 맞물려 국가 잠재성장률을
하락시킨다. 동시에 국가 전체적으로는 보육, 육아, 연금, 노인복지 등
복지예산 수요가 늘어나면서 국방 예산의 안정적 확보에 제약으로 작
용할 수밖에 없다.

　한국의 과거 경제성장률과 국방비 증가율의 관계를 기반으로 미래
의 국방비 증가율을 추산해볼 수 있다. 1992~1997년간 경제성장률
이 7% 수준이었을 때, 국방비 평균 증가율은 10% 수준이었다. 1998
년과 1999년은 IMF 시기로 경제성장률과 정부 재정, 국방비 모두 예
외적으로 낮았다. 이후 2000~2009년간 한국의 경제성장률이 4.8%
수준이었을 때 국방비 평균 증가율은 7.6%였다. 1990년대 이후
30여 년간 경제성장률과 국방비증가율의 추세를 보면, 국방비가 대
략 경제성장률의 1.5배 정도로 증가했음을 알 수 있다.

　이러한 상황에서 한국개발연구원KDI 이 향후 한국의 잠재 경제성장
률을 2020년대 중반까지 2%대, 그 이후는 1%대로 전망한 것을 토
대로 보면, 2025년 이후 국방비 증가율은 3%대 혹은 최대 4%를 넘

기 힘들 것이라는 우려가 확산되고 있다.[14] 저출산 고령화에 따른 경제성장률의 하락, 이에 따른 복지 예산으로의 재정 우선순위 변화를 고려할 때 국방비의 안정적 확보 여건은 더 악화될 가능성도 있다. 특히 2020년대 들어 세계가 유례없는 감염병 팬데믹을 경험하면서 국가별로 재정 우선순위와 운용 전략을 근본적으로 바꿀 것으로 보인다. 각국은 일시적 재정 확장과 긴축을 반복할 것이다. 확장재정을 장기간 지속하기는 어렵기 때문이다. 확장재정 시기에도 예산은 직접적 현금지원, 고용 및 복지 확충 사업을 중심으로 편성될 가능성이 높아 보인다.

3   과학기술 발전에 따른 기술군 강화 요구

과학기술이 고도화되면서 기술군 강화의 요구도 더 높아지고 있다. 먼저 무기 체계가 첨단화되고, 군 장비도 급속히 현대화되고 있다. 직접적 타격 능력이나 화력이 증가함과 동시에 사거리 및 작전 반경이 늘어났다. 민간에서의 정보통신, 보안, 카메라 기능이 향상되면서 군에서도 감시 정찰 능력을 신속히 보강해야 하는 과제에 직면하였다.

정보통신 기술이 발달하고, 사이버 분야에 대한 경제·사회적 의존도가 커지면서 사이버 공간에서의 교란이나 해킹도 증가하였다. 앞으로는 전장에서 전투원 간의 직접 전투보다 사이버 공간에서의 공격

방어나 침투 교란 행위가 더 빈번해질 것으로 예측된다. 아울러 과학기술의 발전을 활용하고 병력 감소에 따른 대책으로 급부상하고 있는 도전 과제가 바로 무인 전투체계의 도입이다. 무인기 또는 드론, 로봇, 자율형 주행차, 무인 지뢰탐지 체계, 무인수상함 등을 통해 인력 활용을 최소화할 수 있다.

그러나 군으로서는 과학기술의 발전을 군 전투력에 적용, 보강해야 함과 동시에 이를 운용해야 하는 군인의 자질도 향상시켜야 하는 과제에 직면해 있다. 비싸고 복잡한 장비를 오랫동안 유지하기 위해서 운영 인력의 숙련도가 더 중요해진다. 기술집약형 군대로 발전하기 위해서는 병뿐만 아니라 장교, 부사관 등 간부 집단에서도 우수한 인력 확보가 절실하다. 기술군으로 체질 전환을 위해 현재 군인의 65% 정도가 의무병으로 구성되어 있는 우리 군의 계급 구조를 바꿔야 하는 것도 과제이다. 아울러 첨단무기 체계와 복잡한 장비를 원활히 운용하고 전투준비태세를 유지하기 위해 군인의 숙련도가 더 중요해진다.

의무병 비율을 낮춰야 함과 동시에 숙련 군인을 오래 복무하게 하는 것, 이 두 가지 요구 사항은 상반되는 것 같지만, 사실은 같은 맥락의 문제이다. 우리 군이 의무병에 의존하는 비율이 65% 수준으로 매우 높기 때문에 병의 복무 기간이 중요해진다. 직업군인의 비율이 낮다보니 군에서는 2년짜리 병에 대한 의존도가 높고 따라서 첨단장비를 유지하기 위해 병 숙련도가 최소 15~18개월 이상 내지는 2년 정도는 되어야 한다는 목소리가 나온다. 이렇게 상반된 요구 사항을 조화시켜야 하는 것이 우리 군의 도전 과제이다.

4   사회의 다원화와 여성 활용

군의 다양화도 도전 과제이다. 최근 한국은 여군 1만 명 시대가 되었다. 이제 여군의 양적 확대, 질적인 활용성 제고로 정책 방향이 바뀌고 있다. 여성의 사회 참여가 확대되면서 군으로서는 여성을 적극적으로 활용해야 한다. 여군 확대는 줄어드는 남성 병역자원 인구문제에 대한 해결책이자, 사회적으로는 새로운 일자리를 확대하는 것으로 이미 피할 수 없는 흐름이다.

그러나 여성의 활용은 우리 군으로서는 기회이기 이전에 도전이기도 하다. 사실 여군 1만 명 시대라고는 하나, 이는 우리군 간부(장교, 준사관, 부사관)의 6.2% 수준이다. 현역 군인 전체를 기준으로 보면 여군은 2% 수준에도 못 미친다. 어떤 집단이 무의미할 정도로 적은 규모일 때 그 조직은 거의 단일 집단의 성격을 띤다. 그동안 우리군은 남성 중심의 단일 집단의 성격을 유지하면서 균질적 문화를 안정적으로 유지해왔다고 할 수 있다. 이러한 병영 문화는 위협에 대비한 일사불란한 준비 태세, 의사소통의 간결성, 근무 환경 및 인사 관리의 단순성 등 장점이 적지 않았다.

그러나 동시에 남성이 절대다수이다보니 여군의 열악한 근무 환경이 쉽게 개선되기 어려웠고, 군에서는 계급과 연계된 성폭력 문제가 끊이지 않았다. 따라서 여군을 확대하면 할수록 군으로서는 익숙하지 않았던 책임과 문화를 받아들여야 한다는 도전에 직면하게 된다. 병영시설 개선, 육아 여건의 보장 문제도 과제로 제기되고 있다.

아울러 다문화 가정이 급증하면서 다문화 청년들의 병역문제도 도전 과제가 되었다.[15] 한국 사회에서 다문화 가정의 증가가 본격화되면서 2008년 처음으로 「다문화가족지원법」이 제정되었고, 군에서도 다문화 군대에 대비한 다양한 대책을 수립, 시행해왔다. 다문화 가정 청년들은 이미 공정하게 병역의무를 이행하고 있다. 대표적으로 「병역법」 제3조 3항에서는 "병역의무 및 지원은 인종·피부색 등을 이유로 차별하여서는 아니된다"고 규정하고 있다. 간부 충원 역시 군인사법 제10조(결격사유 등)에 따르면 혼혈인이라고 해서 충원을 금지하는 조항은 없다. 다만 대한민국 국민이 아닌 사람(외국인) 및 이중국적자는 임용을 제한하고 있다.

다문화 가정이 더 증가함에 따라 합리적 병역제도 설계가 필요하다. 병역제도나 군 인사 정책 측면에서 다문화 가정 출신에게 불리한 규정이나 불합리한 차별은 없는지 살펴봐야 한다. 또한 이들이 군에 잘 적응할 수 있도록 세심하게 제도를 설계해야 한다. 다양한 배경과 잠재력을 가진 이들이 차별 없이 능력을 최대한 발휘할 수 있도록 정책적 고려가 필요한 시점이다.

3

선진국의 국방정책 변화 사례

앞서 살펴본 미래 우리 사회의 변화는 사실 선진국에서는 이미 경험한 과거이다. 외국에서도 국가별로 인구 변화의 도래 시기, 적응 속도, 정책적 대응에는 차이가 있었다. 선진국이나 다른 나라의 병역제도 변동 과정에 대해서는 제5장과 제6장에서 자세히 설명한바 있다. 본 절에서는 이미 한 차례의 병역제도의 변동을 완료한 다음 최근의 인구 사회적 변화, 직업군인 강화 등 추세에 따른 선진국의 정책 대응을 소개하고자 한다. 공통적으로 직업군인의 충원과 군인의 장기복무를 유인하기 위해 다양한 정책을 개발하고 있으나 현실은 녹록하지 않다.

1 미국

1973년 모병제로 전환한 이래 미국은 오랫동안 군인력제도를 개선하고 발전시켜왔다. 특히 최근 직업군인의 안정적 확보와 운영을 위해 군인 지원 연령 제한, 학력 등 선발 요건, 기본 복무 기간과 연장 방법, 진급 체계, 봉급표, 기술 인력의 확보, 정년과 연금 체계 등 군인력 정책 전 분야에서 대대적인 혁신을 꾀하고 있다.

기본적으로 미국은 군 인력 체계가 병-부사관 라인과 장교 라인 두 가지로 구성되기 때문에 부사관으로 복무하기 위해서는 병으로 일단 지원해야 한다. 병 신분으로 입대해 3~4년 복무한 다음 지원에 의해 부사관으로 진급하는 체계이다. 병-부사관 일원화 체계는 징병제를 유지하던 시기부터 동일하였다. 이러한 시스템을 유지하고 있기 때문에 부사관이라는 군 간부로 근무하고자 하는 사람은 이병으로 직업군인을 시작해야 한다.

우수 군인의 안정적 충원은 병과 간부라는 계급의 문제가 아닌 군인 직업 자체의 매력과 복무 여건, 급여 등 복지 체계 수준에 달려 있다. 미국 정부는 군인 충원을 위해 고졸자, 이민자, 군인 가족을 중심으로 모병을 적극적으로 추진하고 있다. 사회에서 우수한 인력을 충원하고 싶은 것은 어느 나라 군이나 똑같은 마음일 것이다. 우수한 인력이 강인한 군인이 되고 튼튼한 군사력으로 발현되기 때문이다. 그러나 군이 하나의 직업이 되면, 군대는 사회의 노동시장에서 사람들을 선발해야 한다. 달리 말하면, 우수한 사람들이 군대를 직장으로 선택해주어야 한다는 말이다.

병 지원 연령은 미군인력법 및 군 조직법상 공식적으로는 전군 공히 17~42세까지이다. 실제로는 육군 병 17~35세, 해군 17~34세, 해병대 17~29세, 공군 17~39세 정도라고 한다.[16] 사실상 30대 중반까지 병 모집을 허용하게 되면 초임 병으로 들어오는 사람이 최대 20세 정도 나이 차이가 날 수도 있다. 여기에는 군인 충원이 그만큼 어렵다는 점 외에 신체 나이의 변화로 20대와 30대 간 큰 차이가 없어 임무 수행에 문제없다는 현실적 배경도 있다.

병 모집 연령 연장은 병 계급뿐 아니라 부사관이라는 직업군인 체계 전체에 영향을 미친다. 미국은 부사관을 처음부터 별도로 충원하지 않고, 병으로 입대한 군인 중 일정 기간 복무 후 부사관으로 지원하여 진급하는 체계이다. 따라서 병 입대 연령이 늦어지면 부사관 진입 연령도 늦어지고 이는 직업군인의 정년에 전반적인 영향을 미칠 수밖에 없다.

2 영국

영국, 프랑스 등 유럽 주요 국가들은 안정적인 모병제를 유지하고 있는 가운데 저출산의 장기화로 모병 대상을 다양화하고 있다. 영국은 냉전 기간인 1960년에 비교적 일찍 징병제에서 모병제로 전환을 완료하였다. 즉, 인구가 비교적 충분할 때 모병제로 전환함으로써 모든 군인을 직업군인으로 충원하는 선발 시스템을 장기간 발전시켜왔다. 장기간 군인 선발 시스템이 보완된 토대 위에 인구가 감소하자 직업군인의 복무 기간을 연장하고 보상을 강화하는 등 유인책을 보강하고 있다.

영국에서 2018년 기준 풀타임 정규군 규모는 14만 5,000명 수준이다. 영국 인구가 대략 6,600만 명이니 인구 중 상비군 병력은 약 0.2% 수준이다. 영국을 비롯하여 뉴질랜드, 호주, 캐나다 등 영연방 국가에서는 저출산 고령화로 병력 자원 부족을 경험하고 있다. 인구 감소가 심각해지자 청년들에게 직업군인 문호를 적극 개방하고 다양한 직업군인 유인책을 개발하고 있다. 한 보도에 의하면 영국 국방부는 입대 지원을 장려하고 조기 전역을 방지하기 위해 지난 5년 동안 6억 6,400만 파운드(약 9,762억 원)의 인센티브를 제공해왔다. 2010년부터 병력 유지를 위한 유인책으로 나온 국가 프로젝트만 20여 개에 달한다.

문제는 엔지니어, 공군 조종사, 정보 분석가 등 숙련 기술을 가진 군인들이 부족한 것이다. 그 해결책으로 2018년 영국군은 여성이 모든 병과에 지원할 수 있도록 문을 완전히 개방하였다. 2016년 전투병과 근무를 여군에게 허용한 데 이어 이제는 특수부대에서까지 여군 복무를 허용한 것이다. 군대에 문을 여는 각종 조치들이 발표되는 건

그만큼 청년 인구의 부족이 심각하다는 반증이다.[17]

　군에 복무할 대상 인구가 부족해지는 것은 경제 성장과 맞물려 더 복잡해지고 있다. 영국에서 인구 감소와 고령화로 군 복무 가능 연령층이 점점 줄어들고 있는 상황은 선진국들에 공통적으로 관찰되는 현상이다. 오히려 최근 경기가 회복되면서 직업군인 충원이 더 힘들어지고 있는 것이다. 경기가 활성화되고 실업률이 대폭 떨어지면서 청년들이 군대보다 급여와 복무 여건이 좋은 민간 기업으로 취업하려고 하기 때문이다.

　이러한 사례는 인구구조상 저출산 고령화가 장기화되어 사회적으로 청년 인구가 한정된 상태에서는 경제가 성장해도 문제, 불황이어도 문제가 됨을 잘 보여준다. 경제가 성장하면 청년들은 군보다 급여 등 근무 조건이 좋은 민간 기업으로의 취업을 선호하게 된다. 반대로 경기가 불황이면 직업군인 지원율은 올라가지만 정부 재정 중 국방 예산을 증액하기가 어려워 군인 처우 개선을 충분히 하기가 쉽지 않다. 그러면 군은 우수한 자원을 안정적으로 충원하기 더 힘들어진다.

3　프랑스

　프랑스도 국방개혁의 큰 틀에서 군 병력 감축과 병역제도 전환을 추진하였다. 프랑스의 국방개혁 사례는 한국이 본격적으로 국방개혁을

　역사와 쟁점으로 살펴보는 한국의 병역제도

추진할 때 벤치마킹한 사례로서 매우 중요하다. 다만 이 책에서는 이미 많은 외국 사례를 인용하였고 국방개혁 자체에 대한 설명은 주제를 벗어난 것이기 때문에 상세한 설명은 생략하려고 한다. 자세한 내용은 홍성표 교수의 〈프랑스 국방개혁 교훈을 통해 본 한국군 개혁방향〉(2005)과 국방대학교에서 출간한 《2003~2008 프랑스 국방계획법》(2005)을 참고하기 바란다.[18]

프랑스는 국방개혁을 추진하기 위해 1995년 7월 국방장관 예하에 전략위원회 실무 그룹을 편성하였다. 그리고 1997년부터 2002년까지 집중 추진할 6개년의 국방개혁 계획 및 병역제도 개편 계획을 수립한다. 국방개혁 계획대로 착실히 추진하여 군 병력을 감축하고, 2003년에 징병제를 최종 폐지하고 병역제도를 모병제로 전환하였다. 특히 2004년 12월, 프랑스를 방문한 노무현 대통령은 프랑스 국방개혁에 대한 설명을 듣고 이를 벤치마킹하여 한국군도 국방개혁을 추진해야 한다고 강조한 바 있다.

프랑스는 국방개혁 과정에서 군 인력 구조가 바뀌면서 기본적으로 전문 직업군인의 장기 활용에 초점을 맞추고 있다. 제한된 인구 중 우수한 인력을 군인으로 충원하는 게 첫 번째 과제이고, 일단 충원된 군인을 잘 훈련시켜 숙련된 군인으로 오래 활용하는 것이 두 번째 과제이다. 이 두 개의 과제는 분리된 게 아니라 상호 연결되어 있다. 즉, 직업군인의 안정성을 보장하고 다양한 인센티브를 제공하면 일단 군인을 매력적인 직업으로 선택할 확률이 높아지기 때문이다.

먼저 군인 충원의 문호를 넓히고 있다. 이민자를 대상으로 모병을 확대하고, 각종 수당 등 인센티브를 늘리고 있다. 프랑스 병력은 2017년 20만 1,500여 명으로 해외 파견 군대에 외국인들을 끌어들여 성공적으로 제도를 운영하고 있다고 평가받는다. 이들에게는 일정 기간 군 복무를 잘하면, 프랑스 시민권을 비교적 쉽게 얻을 수 있는 혜택을 준다.

숙련 군인의 장기 활용을 위해서도 다양한 인사정책을 모색하고 있다. 장교와 부사관은 기본적으로 정규직과 계약직으로 구분해서 선발, 운용한다. 장교의 경우 전투병과 장교는 대부분 정규직이고, 행정이나 기타 지원 분야는 대부분 계약직으로 운용하되 최대 20년까지 복무한다. 부사관과 병은 일차적으로 2~5년의 계약 군인으로 출발한다. 병은 모병제로 전환을 완료한 이후 모두 계약에 의해 일정 기간 복무하는 계약직 지원병이다. 프랑스 군인 총원은 약 20만여 명으로 정규직과 계약직의 비율이 37:63으로 계약복무 형태의 군인이 많은 것이 특징이다.[19] 여기서 정규직은 사실상 정년이 보장되어 장기복무하는 군인들이다.

아울러 신규 획득의 부담을 줄이고 숙련 군인을 장기간 활용하기 위해 장교의 50%를 부사관에서, 부사관의 50%를 병에서 선발하는 내부 진급 정책을 시행하고 있다. 실제 내부 진급 현황은 이보다 낮은 수준이지만 프랑스의 군 인력 정책은 장교, 부사관, 병이라는 신분별 칸막이를 허물어 숙련 군인을 오래 활용하는 구조로 변모하고 있다.

이외에 스위스나 북유럽 등 소위 안보 강소국의 사례도 참고할 만하다. 앞서 제6장에서 스위스의 독특한 병역제도를 설명하였다. 인구가 적고 주변국의 안보 위협이 가시지 않은 국가의 경우 병역제도의 명칭이 징병제냐 민병제냐 하는 것은 핵심이 아니다. 핵심은 상비군을 줄이고 예비군 동원 체계를 상시화하는 것이라고 할 수 있다.

스위스를 비롯하여 핀란드, 오스트리아는 오랜 냉전 기간 동안에도 미국이나 소련과 동맹관계를 맺지 않았다. 냉전 종식 이후에도 유럽 NATO의 공동 안보에도 포섭되어 있지 않다. 따라서 전통적으로 독자적인 자국 방위 능력을 구비해왔고 지금도 이러한 기조를 유지하고 있다. 다만, 대부분 방어해야 할 영토가 크거나 분산되어 있는 반면, 인구가 적어 평상시 대규모의 군을 유지하기 어려운 실정이다. 여기서 예비군 동원훈련 체계의 중요성이 다시 한 번 강조된다.

스위스에서 상비군과 예비군의 비율이 1:13이라는 점은 예비군의 중요성을 말해준다. 오스트리아 등 다른 중립국도 상비군과 예비군의 비율이 1:10 정도로 다른 보통의 유럽 국가들보다도 높은 편이다. 스위스나 오스트리아처럼 예비군 중심으로 병역제도를 운용하는 국가에서는 상비군 규모가 매우 작은 것이 특징이다.

사실 상비군의 축소와 예비군의 강화는 동전의 양면이라고 할 수 있다. 평상시 예비군 동원 체계가 확고히 자리 잡고 있지 않으면 상비군을 줄이기 어렵기 때문이다. 상비군 복무 부담이 크지 않기에 남성 시민들이 직장과 일상생활을 영위하는 데 지장도 별로 없을 뿐더러 현재의 민병제를 선호하고 징병제 폐지의 요구나 압력도 크지 않은 편이라고 한다.

앞서 제6장에서 소개한 바와 같이 스위스의 민병 복무 기간 중 동원소집복무 형태는 미국의 직업예비군 복무 형태와 유사하다. 한국의 동원예비군(전역 후 1~3년 차)도 외형상 임무와 기능은 스위스의 동원소집복무 형태와 유사하다. 그러나 한국은 연간 훈련기간이 매우 짧고, 대상자들에 대해 사실상 훈련 유예나 면제가 많아 제대로 된 동원 또는 예비군 기능을 담당하고 있지 못하다는 평가가 많다.

한국 병역제도의 미래

CHAPTER 13

2020년대에 들어와 인구 감소가 본격화되면서 앞으로 거의
모든 청년이 군에 가야 할 것으로 전망하고 있다. 결과적으
로 병역자원 대부분이 군에 가는 소위 '완전징병제의 시대'
가 도래할 수도 있다. 그러나 이것은 과연 지속 가능한가? 지
속 가능한 국방을 위하여 병역제도의 미래는 어떠해야 하는
가? 지속 가능한 군, 지속 가능한 국방, 평화를 창출하는 안
보를 위해 모두가 머리를 맞댈 시점이다.

1

선진국 사례의 교훈

━━━
━━━
━━━

미국의 정치학자 새뮤얼 헌팅턴은 《군인과 국가》(The Soldier and the State, 1957)에서 일반적으로 군은 적의 위협과 사회적 요구라는 두 가지 요인에 영향을 받는다고 하였다. 하나는 기능적 명제로서 적의 위협에 대비해야 한다는 것이고, 다른 하나는 사회적 명제로서 사회의 동력, 사회 변화, 이념적 변화 등에 맞춰 적응해야 한다는 것이다.

사회적 차원에서 군과 사회의 관계, 즉 민군 관계는 위 두 가지 명제 간 상쇄관계의 결과물이라 할 수 있다. 군이 오직 적의 위협에만 대응한 조직이고 전투임무 수행에만 몰입한다고 하면, 이는 경우에 따라 사회에 막대한 부담을 지울 수 있다. 반대로 군이 사회의 변화에 너무 민감하면, 외부 적의 위협에 대해 효율적으로 대응하기 어려워질 수 있다. 이러한 설명은 반세기가 훨씬 지난 2020년 지금 우리 사회에서 여전히 유효하다. 군에서 지속 가능한 것이 사회적으로도 항상 지속 가능한 것은 아니다.

앞서 군과 사회의 변화를 먼저 경험한 다른 나라의 사례를 살펴본 것도 그들의 경험에서 실용적인 시사점을 얻기 위해서였다. 제6장에서는 선진국 등 주요국의 인구 및 경제·사회적 여건 변화에 따른 병역제도 변화를 보았다. 제12장에서는 선진국들의 최근 군 인력 정책 변화 방향을 간략하게 살펴보았다. 이들 사례에서 알 수 있는 것은 징병제냐 모병제냐 하는 주제는 더 이상 논의의 대상이 아니라는 점이다. 적은 병력으로 강한 군대를 유지하는 것이 핵심이다. 이들은 군 인력 충원제도와 군인사 정책이라는 큰 틀 속에서 다양한 인사제도를 운용해보고 시행착오를 겪고 있다.

국가별로 처한 안보 여건과 상황의 변화가 조금씩 다르지만, 주요 선진국의 병역정책 변화 사례와 개선 방향은 다음과 같은 공통점을 보인다. 첫째, 병역제도 변화의 시발점은 인구구조의 변화에 있었다. 국가별로 저출산 고령화에 진입한 시점은 달라도 선진국으로 갈수록 이 추세에서 벗어나는 국가는 찾기 어렵다. 저출산으로 인한 청년 인구의 감소는 필연적으로 군 병력을 감축시키고, 군 병력의 감축은 군인을 충원하는 병역제도 또는 군 인력정책에 변화를 가져올 수밖에 없었다.

둘째, 직업군인을 충원함에 있어 군은 민간사회 및 기업과 필연적으로 경쟁관계에 직면하였다. 전통적인 충성심에 호소하거나, 군의 높은 도덕성에 의존하여 우수한 직업군인을 충원하던 시대는 지났다.

군인으로서의 직업 안정성을 보장하고, 매력적인 복무 여건을 제시하여 군인을 직업으로 선택하도록 하는 것이 핵심이다. 군이 사람을 고르던 시대에서 사람들이 군을 선택하는 시대로 바뀌고 있다.

셋째, 새로운 인력을 매년 대량으로 징집하고, 훈련시켜 짧은 시간 활용하고 다시 대량으로 유출하는 군 인력 시스템은 이제 유효하지 않다. 절대적 인구 자체가 줄어들면서 매년 충원할 수 있는 인력이 줄어들고 있다. 따라서 한번 충원한 군인을 충분히 교육시켜 장기복무하도록 하는 것이 중요해졌다. 장기복무를 통해 숙련도 높은 군인들이 많이 복무함으로써 군인의 전문성은 더 높아질 것이다. 숙련되고 전문성 있는 군인들이 오래 복무할수록 군대는 강해진다.

넷째, 군 병력의 감축과 청년 인구의 감소는 역으로 군 인력 구성의 다양화를 촉구한다. 선진국에서는 군 병력을 감축함에 따라 군인은 핵심 전투임무를 수행하고, 나머지 비전투 분야나 지원업무는 군무원 등 민간인이 대신하고 있다. 이 과정에서 남성 위주로 군을 운용하려던 정책은 한계에 부딪혔다. 여성과 이민자들을 적극 수용하게 되면서 군이 진정한 의미에서 사회의 축소판으로 변모하고 있다.

마지막으로 군 병력의 감축과 과학기술의 고도화, 국방 예산의 급격한 증액의 어려움 등은 점점 상비군의 역할을 축소시켰다. 상비군 역할의 축소가 군 역할의 약화를 의미하지는 않는다. 국방력 약화는 더더욱 아니다. 상비군 역할의 축소는 예비군 동원 체제가 상설화되면서 가능해진다. 바꿔 말하면 평상시 예비군 훈련을 강화하고 즉각 동원 체제가 갖춰져 있지 않으면 상비군 역할을 축소하기는 어렵다. 아울러 상비군 병력의 감소는 과학기술을 활용한 장비의 현대화, 군 운영의 효율화, 인공지능 활용 등 지원업무의 자동화로 동시에 보강되어야 한다.

2

변화의 기본 방향

───

우리 군은 다양한 안보 위협에 대비하여 굳건한 전투준비태세를 갖추고, 튼튼한 국방력을 유지해야 한다. 전투력 유지는 우리 군으로서는 타협할 수 없는 목표이자 군대의 존재 이유이기도 하다. 그러나 동시에 저출산, 저성장 추세에 따른 외부환경 변화를 무시할 수도 없다. 두 가지 요구 사이에서 균형 잡힌 정책을 추진해야 한다. 특히 군인을 충원하는 인력정책이나 병역정책도 이 두 가지 요구를 조화시키는 쪽으로 나가야 한다.

한국군 병역제도 변화의 기본 방향은 군 병력을 감축하면서 직업군인으로서 부사관과 장교를 늘리고, 직업군인의 신규 획득 수요를 줄이되 평균 복무 기간을 늘리는 것이어야 한다. 동시에 상비군 중 복무 기간이 짧은 의무병의 규모는 줄이고 계약에 의해 복무 기간이 긴 지원병이나 직업군인 규모를 확대해야 한다.

숙련병 요구에 대해서는 의무병을 필요 최소한으로 기본 훈련을 하고, 단기간 복무하는 일반병과 계약에 의해 3~4년 동안 복무하는 전문병사로 분리 운영해야 한다. 높은 숙련도가 요구되는 자리를 기술숙련 전문병사로 운용하고 병 복무 때부터 하사 수준의 월급을 줄 필요가 있다. 그럼으로써 계약복무 전문병사의 순환율을 낮춰 3~4년 이상 안정적으로 운용해야 한다. 이렇게 되면 매년 신규로 징집하거나 충원해야 하는 군인 수요가 줄어들 수 있다.

아울러 부사관 신규 획득 수요를 줄이고 직업 안정성을 보장하기 위해 병에서 부사관으로 가는 내부 진급제를 활성화하고 충분한 보상과 인센티브를 제공해야 한다. 마찬가지로 장교 신규 획득 수요도 줄이려면 직업군인들의 복무 여건을 개선해야 한다. 외국에 비해 현저히 낮은 계급별 정년도 늘릴 필요가 있다.

2020년대에는 청년 남성 인구 규모 자체가 줄어들기 때문에 직업군인으로서 장교와 부사관에 여성의 충원을 적극적으로 확대할 필요가 있다. 양적인 확대뿐만 아니라 질적으로도 여성들이 능력을 발휘할 수 있도록 해야 한다.

무엇보다 청년 인구의 감소로 병역자원 부족 현상이 임박하기 전에 군사전략 및 국방개혁과 예산 감축 등 제반 요인을 고려하여 병력 규모를 감축할 필요가 있다. 대신 비상시 즉시 동원이 가능하도록 매년 일정 기간의 군사훈련을 이수하게 함으로써 전시 비상동원 체제를 평상시부터 체계적으로 구축해야 한다. 그래야 군의 의무병 충원 수요가 감소하면 이후 인구 감소 시기가 도래해도 자연스럽게 군 인력 정책과 인구환경 변화가 조화를 이루게 된다. 주요 선진국에서의 국방정책 변화의 순서도 이러하였다. 두 가지가 역순으로 조정되기는 어렵다.

그러나 여전히 북한과 대치하고 있고 여러 안보 위협이 상존하고 있는 현실을 무시할 수 없다. 따라서 장비 및 시설의 현대화가 필수적으로 보강되어야 할 것이다.

역사와 쟁점으로 살펴보는 한국의 병역제도

정책 대안

1   인구 감소에 따른 군 병력 감축

우리 군은 내적 요인과 외적 요인 양 측면에서 병력 감축을 추진하고 있다. 저출산에 따른 급격한 인구 감소가 대표적인 외적 요인이다. 그러나 군 병력 감축이 인구 감소에 따른 피동적 결과물만은 아니다. 정예군 육성, 과학기술의 활용, 장비의 현대화와 맞물려 국방개혁 차원에서도 병력 감축을 검토해왔다.

사실 이러한 정책 변화는 새로운 것이 아니다. 이미 2005~2007년까지 진행된 일련의 국방개혁 과정도 이와 유사한 문제의식에서 출발하였다. 국방이 아닌 사회 전체의 변화와 인구구조 측면에서 문제를 인식한 것이 특징이었다. 급속히 다가오는 저출산 고령화사회에서 한국의 군 병력 규모와 긴 현역병 복무 기간은 청년층과 사회에 큰 부담이다. 이로 인해 노동시장 진입 연령이 선진국에 비해 2~3년 늦어지고, 개인 측면에서도 병역 부담이 주는 직·간접적 비용이 적지 않았다. 개혁의 출발은 군 병력의 감축에 있었다.

2019년 11월, 기획재정부, 교육부, 국방부 등 범정부적으로 구성된 범부처 인구정책 TF에서도 유사한 문제의식 위에서 "인구구조 변화 대응방안"을 발표하였다.[20] 여기에는 교육 분야 과제로 학령인구 감소 대응, 지역 분야 과제로 지역공동화 대응 전략 그리고 국방 분야 과제로 병역자원 감소 대응 전략이 제시되어 있다. 국방 분야 대응 방안으로는 과학기술 중심 전력 개편, 병력구조 재설계, 부사관 임용연령 확대, 여군 비중 확대 등이 제시되었다.

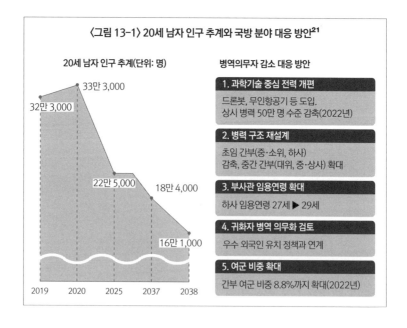

〈그림 13-1〉 20세 남자 인구 추계와 국방 분야 대응 방안[21]

역사와 쟁점으로 살펴보는 한국의 병역제도

우선 정부는 군 병력 규모를 줄여 2022년경 50만 명 수준을 유지할 계획이다. 육군 기준으로 현재 8개 군단을 2022년까지 6개 군단으로 줄이면서 3년 동안 군 전체 병력 8만 명을 감축한다. 간부 비율을 현행 34%에서 2024년 40.4%로 확충하고 신규 충원을 줄이는 대신 숙련도가 높은 중간 간부를 확대할 계획이다. 장기적으로 보다 전문성을 지닌 부사관 등을 늘려 군의 구조 자체를 바꾼다는 구상이다.

이러한 구상은 「국방개혁 2.0」 기본 계획에 잘 반영되어 있다. 현대전의 변화 양상, 병역자원 감소 등을 감안하여 첨단 과학기술 중심 전력구조로 개편하고, 상비 병력을 2022년까지 50만 명 수준으로 감축한다. 아울러 의경과 해경 등 전환복무는 단계적으로 폐지하고, 산업기능요원 등 대체복무는 필요 최소한 수준으로 감축하되 상당수가 유지된다. 여군 간부 비중을 2019년 6.2%에서 2022년 8.8%까지 확대하고, 부사관 임용연령도 현 27세에서 29세로 상향 조정할 계획이다.

문제는 장기적으로 볼 때 상황에 따라서는 상비군 목표인 50만 명조차 쉽게 유지하기 어려울 수 있다는 점이다. 현역병 충원 수요 대비 병역자원의 공급이 충분하지 않을 수 있다. 만약 병역자원 수급에 문제가 생겼을 때, 대체복무나 병역특례로 빠져나가는 현역자원을 충분히 군으로 돌리지 못한다면 정부로서는 다른 방법을 강구할 수밖에 없다. 이런 점에서 2010년대 중반 입영적체 시기에 낮추었던 현역 판정비율을 다시 올려야 할지도 모른다는 우려가 나온다. 최악의 경우 현역병의 복무 기간을 늘려야 할 수도 있다.

실제로 국회 등에서 병 복무 기간을 일시적으로 연장하거나 단축을 중단하도록 입법화하려는 시도도 있었다. 일각에서는 청년 인구의 감소 추세에도 불구하고 문재인 정부가 대선 공약에 따라 복무 기간을 단축하고 있다고 비판하기도 한다. 종교적 사유에 의한 병역거부까지 허용하게 되면서 병력 확보가 갈수록 어려워질 것이라는 우려도 이러한 비판을 가중시키고 있다.[22]

그러나 병역정책의 대안을 설계할 때 기본 방향은 현역병이나 군의 부담이 늘어나는 쪽으로 제도가 바뀌어서는 안 된다는 점이다. 이런 점에서 인구 감소의 대안으로 병 복무 기간을 늘리는 것은 현실적인 대안이 되기 어려울 것이다. 더구나 인구 감소 시대에 각종 대체복무를 유지한 상태에서 현역병의 부담만 강화하는 방향은 국민 공감대를 얻기 어려울 것이다.

2   의무병 감축과 장기복무 전문병사의 확대

군 병력 구조의 재구조화를 모색해야 한다. 병 집단을 복무 기간이 짧은 그룹과 복무 기간이 긴 그룹으로 분리하고, 숙련도나 전문성이 요구되는 직위에는 복무 기간이 긴 군인들로 보충하는 방안이다. 복무 기간이 상대적으로 더 길어져야 하는 자리는 자연스럽게 지원에 의한 직업군인으로 충원하게 된다.

병 집단을 계약형 전문병사와 일반병으로 나눠 복무 기간이 짧은 의무병의 규모는 줄이고, 계약에 의해 복무 기간이 긴 전문병사나 직업군인 규모를 확대할 필요가 있다. 일반병에 대해서는 필요 최소한의 기본 훈련을 하여 단기간 복무하도록 하며, 전문병사는 기술숙련병으로 계약 입대하여 3~4년 동안 복무하도록 할 수 있다.

일반병과 전문병의 분리 기준은 군에서 전투병과 전방 근무, 기술숙련도 등 임무 기준으로 분리하는 것이 타당하다. 즉 높은 숙련도가 요구되고 위험하고 어려울수록 전문병사 혹은 부사관 직위로 지정하여 병 복무 때부터 하사 수준의 월급을 주고 계약기간 만큼 오래 활용해야 한다. 전문병사가 3~4년 이상 계약복무 기간만큼 복무하게 되면 순환율이 낮아지고, 안정적으로 운용할 수 있다. 이렇게 되면 매년 신규로 징집하거나 충원해야 하는 군인 수요가 줄어든다. 전문병사의 활용 방안은 모병제 전환과 무관하게 군인의 전문성을 강화하고 숙련도를 높일 수 있는 합리적인 방안이 될 수 있다.

실제로 2015년 9월 국회 통일외교안보포럼과 한반도선진화재단이 공동 개최한 '국방력 강화를 위한 군 구조 및 인력 체계 개편 방안' 세미나에서 현 병역제도의 근간을 유지하면서 전문병사를 확대하는 방안이 현실적 대안으로 논의되었다. 이 자리에서 이주호 전 교육부장관은 사회경제적으로 지속 가능한 군 인력 충원을 위해서는 4년제 '전문병사'와 1년제 '일반 의무병' 형태로 이원화하자고 제안하였다.[23] 기본적으로 국방개혁의 기조를 유지하는 가운데 일정 규모의 병력을 안정적으로 충원하기 위해 징병제를 유지하면서 모병제의 장점을 도입하자는 안이다. 병 집단을 약 30만 명으로 할 때, 15만 명은 복무 기간 4년의 전문병사로 하고, 나머지 15만 명은 일반병으로 운용한다. 일반 의무병의 복무 기간은 21개월(2015년 기준)에서 12개월로 줄여 병역의무의 부담을 대폭 낮출 수 있다. 이렇게 되면 군 병력 규모에 큰 변화가 없기 때문에 국방력에 미치는 영향도 적고 오히려 숙련된 전문병사가 많아지면서 군의 하층부가 더 강해질 수 있다.

모병제 국가에서 지원으로 충원하는 직업군인 병사의 복무 기간은 나라마다 다르다. 지원에 의한 것이므로 계약복무 기간 혹은 기본복무 기간이라고 칭하며, 대략 2~4년을 기본 계약 기간으로 한다. 남아프리카공화국, 아르헨티나 등은 2년, 미국, 프랑스 등은 4년, 영국 5년 등이다. 사실 모병제로 전환을 완료한 나라에서는 병 복무가 직업군인 인력 관리 체계하에서 계약복무 형태가 되므로 최초 복무 기간이 크게 중요한 것은 아니다. 왜냐하면 최초 계약 기간 이후 연장하는 경우가 많고, 부사관으로 전환하여 복무하는 경우도 많기 때문이다.

유럽에서도 병 복무 기간을 단축해야 한다는 사회적 요구와 복무 기간을 오히려 늘려야 한다는 군의 요구가 대립하였다. 의무병의 복무 기간이 줄어든 부분은 더 오래 복무하는 계약병사나 직업군인의 확대로 보충되었다. 국가별로 속도의 차이는 있지만 총 병력 규모를 줄이면서 동시에 병 집단에서 의무병을 줄이고 지원에 의한 전문병사를 늘려나갔다. 즉 줄어든 의무병의 복무 기간은 계약복무로 늘어난

역사와 쟁점으로 살펴보는 한국의 병역제도

전문병사가 2~4년 복무하면서 보완할 수 있었다. 일견 대립적으로만 보이는 복무 기간 조정 과정에서의 충돌은 머리를 맞대면 해결 가능한 과제이다. 이것이 바로 제5장에서 설명한 의무병비율의 점진적 감소 과정이다.

한편 전문병사와 유사한 제도로 한국에는 유급지원병 제도가 있다. 유급지원병제도는 2008년부터 병 복무 기간 단축에 대비해 기술숙련병을 안정적으로 확보, 유지하기 위해 운영해온 제도이다. 충원 시기에 따라 유형이 나뉘기는 하지만 기본적으로 현역병 복무 기간을 마치고 6~18개월간 연장 복무하는 형태이다. 급여는 기본급과 수당을 합쳐 월 149~209만 원(2017년 기준)을 받는다. 그러나 유급지원병의 정원 대비 충원율이 40% 안팎으로 매우 낮은 실정이다.

도입 당시 유급지원병제도는 전문병사처럼 기술 숙련 직위에 3년 정도 안정적으로 복무하게 함으로써 병에게는 적정한 급여를 보장하고, 군으로서는 숙련병을 안정적으로 활용할 수 있는 제도로 환영받았다. 그런데 이렇게 이상적인 제도가 왜 충원율 40%를 밑돌고 국회에서는 매년 제도의 존폐를 논의하게 되었을까?[24] 사실 문제의 원인은 도입 취지와 달리 왜곡되게 설계된 제도의 디테일에 있었다. 하사 월급을 지급한다는 것은 사실 병 복무 기간 중에 받는 것이 아니라 병 복무(21개월)를 마치고 나머지 추가 복무 기간 동안만 받는 것이었다. 그래서 어린 나이에 이런 점을 잘 모르고 지원했다가 병 복무 중에 해지하는 경우가 많았다. 또 유급지원병으로 신청하면 원하는 시기에

입대할 수 있어서 일단 입대하고, 병 복무 중 유급지원병 신청을 해지하는 사례도 많았다.[25]

제도 설계의 미비점을 보완한다면 유급지원병은 전문 기술숙련병을 확보하여 3년 이상 안정적으로 운용할 수 있는 장점이 크다. 국방부도 「국방개혁 2.0」의 일환으로 유급지원병 급여를 일반 하사 수준(월 226만 원)으로 인상하고 유급지원병 중 장기복무자를 추가 선발하는 등의 대책을 시행할 예정이다. 그러나 궁극적으로 병 복무 기간부터 하사 수준의 월급을 주지 않는 한 유급지원병 운영은 쉽지 않을 것이다. 처음부터 전문병사/하사 개념으로 3~4년 정도를 안정적으로 운영하고, 제대 후 부사관(중사급)으로의 우선 전환을 보장하는 쪽으로 개선하는 방안도 고려할 필요가 있다.

3   직업군인 강화와 복무 여건 개선

군에서는 우수 인력을 유인하고 더 오래 복무할 수 있도록 복무 여건과 인사제도 개선이 병행되어야 할 것이다.

먼저 직업군인에 해당하는 장교, 부사관 비중을 늘리고 이들의 직업 안정성을 보장해줘야 한다. 상비군 구성에서 첨단 무기 체계를 중심으로 운영되는 기술군 시대에 "현역 의무병사의 일은 단순 명료해야 하고, 기술집약적인 경험과 판단이 요구되는 일은 장교나 부사관이 책임감을 갖고 수행하는 것이 올바른 길"이라는 의견도 있다.[26] 해군과 공군의 부사관 비율이 각각 45%와 32%인 이유도 첨단장비, 무기 체계를 중심으로 군을 운용해야 하기 때문이다.

반면 육군은 무기 체계가 전문화되고 있음에도 부사관 비율이 약 17%에 불과하다. 육군은 부사관의 중간층인 중사, 상사 인력을 확대하는 방향으로 인력 구조를 개편하는 한편, 사이버 등 전문 특기 분야를 시작으로 각 병과별 부사관 선발자를 처음부터 전원 장기복무자로 채용하는 방안도 고려 중이다. 군에서 말하는 장기복무란 비교적 긴 기간 동안 안정적으로 복무를 보장하는 것이다.

군대의 허리에 해당하는 중간 계층인 중사, 상사 및 장교는 소령 계급까지 직업군인으로서 안정된 근무 여건을 보장해줘야 한다. 먼저 부사관의 장기복무를 선발 개념이 아닌 당연 개념으로 전환할 필요가 있다. 우리 군은 현재 처음부터 부사관에게 장기복무를 보장하고 있지는 않다. 부사관의 의무복무 기간이 4년인데 대개 3년차 부사관 중 복무연장 희망자를 대상으로 장기복무자로 선발하고, 다시 5~7년차 중에서 부족한 인원을 추가로 확보해온 것이다. 그러나 장기복무자로 선발되는 비율이 낮고 장기복무 지원율도 낮은 편이다. 장기복무 선발률이 낮다는 것은 많은 부사관이 부사관 복무 4~7년 사이에 전역하고 다른 일자리를 찾아야 한다는 의미이다. 이러한 인력 구조상의 문제로 처음부터 부사관에 지원하는 지원율이 떨어지고 있다.

특히 남자 부사관 지원율의 하락은 역으로 병 복무 기간의 단축과 맞물리면서 심화될 우려가 있다. 직업군인으로서 일자리 보장이 안될 바에는 차라리 빨리 병으로 갔다 오자는 인식이 확산되기 쉽다. 이미 이러한 우려는 현실이 되고 있다. 2017년에 육군 하사 임용 경쟁률은 3.6 대 1로 경찰 순경(31.9 대 1), 9급 공무원(42 대 1)에 비해 현저히 낮은 수준이었다. 부사관 지원 경쟁률도 턱없이 낮지만 이들이 또 4년 단기복무만 하고 전역하는 경우가 많아 인력 부족 문제는 더 심각해진다.[27]

그뿐만 아니라 장교 역시 최소한 소령 계급까지는 안정된 복무를 보장해줘야 한다. 상위 계급으로 올라갈 때마다 선발되지 않으면 전역해야 하는 상황에서는 국가방위라는 기본 임무에 전념하기가 쉽지 않다. 국가가 이들에게 직업으로서 안정성을 보장해줄 때 이들도 열과 성을 다해 국방에 헌신할 수 있다. 육군도 2018년 10년 이상 복무를 보장하는 '장기복무 부사관' 모집제도를 도입하였다. 채용 결과, 평균 경쟁률이 8.5 대 1에 달해 복무 기간을 10년 보장하는 것만으로도 경쟁률이 두 배 이상 오를 수 있음을 확인하였다.

군인사제도 측면에서 현재 병, 부사관, 장교 세 개의 칸막이로 나뉜 엄격하게 구분된 군인 충원 체계를 합리적으로 개선할 필요가 있다. 예를 들면, 부사관이 되기 위해서는 일정 기간 병 복무를 먼저 하게 하는 것도 방법이다. 또한 현재 거의 막혀 있는 부사관에서 장교로의 신분 전환 혹은 준사관 신분과 다른 신분으로의 전환도 유연하게 허용하는 방안을 검토할 필요가 있다. 간부는 계약복무에 의한 인력정책으로 나가야 한다. 완전지원제 개념으로 간부 초임 계약, 일정 기간 이후에는 정년보장형 tenure 으로 선발하고 이러한 계약복무제도를 통해 연간 신규 획득 수요와 중기복무 수요를 줄이고, 정년보장 비율을 상향시켜 직업 안정성을 강화해야 한다.

직업군인의 임용 연령과 복무 여건도 개선되어야 한다. 부사관 임용연령도 지금까지 27세를 유지해오다 최근 29세로 일부 늘리기로 했는데 대폭 상향할 필요가 있다. 이미 경찰공무원과 소방공무원은 연령 제한을 40세로 풀었다. 유독 군인만 20대 청년이 할 수 있는 특별한 직업인지 진지하게 되묻지 않을 수 없다.

장기적으로는 외국보다 현저하게 낮게 책정된 우리 직업군인들의 정년을 합리적 수준에서 연장할 필요가 있다. 과거에 비해 평균수명이 연장되었고, 신체적 나이에 따른 역량도 훨씬 높아지고 있다. 이에 따라 외국에서도 군인의 정년은 조금씩 늘어났다. 한국에서도 사회의 정년 연장 추세 및 군인의 전투력 유지 측면을 종합적으로 고려하여 합리적 수준에서 개선이 필요하다. 직업의 안정성이 보장되지 않는 한 군에서 우수한 인력을 유인하기는 쉽지 않을 것이기 때문이다. 미래 인구구조의 변화 속도를 감안하면 보다 빨리 제도를 개선해 정착시키고 인력 운영 과정의 시행착오를 최소화할 필요가 있다.

한국의 대체복무제도는 근본적으로 군 수요 충원에 지장이 없는 범위
내에서 운영하는 것을 원칙으로 하고 있다. 따라서 병역자원 수급상
군 수요의 안정적 충원이 우선이며, 안정적 충원을 위한 적정 인력 확
보가 어려울 것으로 전망되면, 대체복무에 현역병 인력을 계속 지원
하기 어렵다. 군 이외 다른 분야에 현재처럼 대체복무 인력을 계속 지
원할 경우, 2020년대 초반을 지나면 군에 가야 할 병역자원이 부족해
질 수 있다. 인구 환경 변화에 따른 병역자원의 감소에 따라 대체복무
의 조정이 불가피한 이유이다.

　이에 따라 최근 정부는 관계 부처 합동으로 마련한 '병역대체복무
개선 방안'을 발표하였다.[28] 2002년부터 논의를 시작한 대체복무 배
정 인원 감축 방안을 최종 합의하였다는 데 의의가 있다. 이번 조정안
은 향후 인구절벽에 의한 병역자원 부족이 예상됨에 따라 관계 부처
가 오랫동안 논의한 결과이다. 먼저 의무경찰·의무소방·해양경찰 등
의 전환복무는 폐지 수순에 들어간다. 2022년부터는 충원하지 않고
기존 전환복무 인원이 복무를 마치는 2023년이 되면 전환복무는 완
전 폐지된다.

　전문연구요원 중 단순 박사학위 취득 연구 과정이 병역의무 이행
으로 간주되어 형평성 논란이 지속 제기되어온 만큼 박사학위 취득을
의무화하였다. 또한 석사급 전문연구요원 배정 인원을 현재 1,500명

에서 1,200명으로 줄이되 원칙적으로 전원 중소 중견기업에 복무하
도록 하였다. 산업기능요원은 직업계 고등학생의 조기 취업 지원 취
지를 고려하여 4,000명에서 3,200명으로 감축, 유지하기로 하였다.
예술·체육 분야 특례는 제도의 공정성을 더 강화하는 방향으로 개선
하기로 하였다.

　이러한 개선에도 불구하고 대체복무의 형평성 문제는 여전히 남아
있다. 특히 산업지원인력은 일반 민간인과 거의 동일한 보수를 받고
회사 경력으로 인정받는다. 정부에서도 현역병의 복무 여건을 계속
개선하고 있지만, 여전히 사회생활에 비해 많은 제약이 있는 상황에
서는 대체복무제도가 다양해지고 확대될수록 병역 이행의 형평성 문
제가 더 커질 수밖에 없다.

　대체복무정책의 효과에 대해서도 재고할 필요가 있다. 과거
1970~1980년대 기간에 병역특례를 확대한 이유는 대학 학력자와
전문 기술 인력이 부족하여 국가적으로 고급두뇌요원을 양성, 지원할
필요성이 있었기 때문이다. 실제로 이들은 산업현장과 과학기술계에
서 적잖은 기여를 하였다. 그러나 현재 한국은 세계적 수준의 경제 대
국이며 매년 석·박사 인력이 충분하게 배출되고 있다. 오히려 우수 자
원에게 병역특례를 제공하는 것이 효율적이라고 한다면 사회 전체적
으로는 병역특례를 더 확대해야 하는 모순에 직면하게 된다.

　이런 점에서 20대 국회 국방위원회 안규백 위원장은 형평성과 병
역 감소 문제를 제기하며 병역특례제 폐지 입장을 일관되게 견지해오

고 있다. 안규백 의원은 "병역특례제도는 1973년 도입된 개발도상국 시대의 제도로 현역으로 입영하는 장병들의 형평성을 고려해 근본적으로 문제를 봐야 한다"며, "현재 병력의 95%가 현역으로 2022년까지 병역 자원이 기하급수적으로 감소할 것이며 전환복무, 의무경찰, 의무소방관 제도도 흐름에 맞춰 검토해야 하고 병역특례도 폐지 등 제도 손질을 해야 한다"고 말했다.[29]

5   여군 확대와 군의 다양화

여성의 사회적 역할 증대와 기술 집약형 국방 환경 변화에 부응하여 여군 비중도 점차 확대해야 한다.

이미 직업군인이 되려는 여성이 늘면서 여성의 군 진입 경쟁률은 남성 경쟁률의 두 배를 넘고 있다. 사관학교 경쟁률도 남성은 경쟁률이 떨어지고 있는 반면 여성의 입학 경쟁률은 현저히 증가하고 있다. 남성에 비해 상대적으로 우수 인력을 선발할 수 있는 환경인 셈이다. 군 관계자들은 "각 군 사관학교와 학군장교ROTC, 부사관 등 선발 채널을 개방해 우수 여성 자원 비율을 확장할 수 있을 것"이라고 이야기하고 있다.[30] 이를 위해서는 현재 사관학교 입학자의 10% 수준으로 제한하고 있는 여성 비율을 늘릴 필요가 있다.

정부에서도 우리군 간부 중 여군 비중을 2022년까지 8.8% 이상으

<표 13-1> 여군 확대 목표

구 분	'17년	'18년	'19년	'20년	'21년	'22년
계	10,097명 (5.5%)	11,400명 (6.2%)	12,495명 (6.7%)	13,891명 (7.4%)	15,478명 (8.1%)	17,043명 (8.8%)
장교	4,591명 (7.1%)	5,113명 (7.9%)	5,513명 (8.6%)	5,866명 (9.2%)	6,356명 (10.0%)	6,856명 (10.9%)
부사관	5,506명 (4.6%)	6,287명 (5.3%)	6,982명 (5.8%)	8,025명 (6.5%)	9,122명 (7.2%)	10,187명 (7.9%)

* 괄호 안의 여군 비중(%)은 간부 중 여군 비중을 의미함

로 우선 확대할 계획이다. 이를 위해 군에서는 2022년까지 매년 여군 신규 획득 규모를 2,000여 명 수준으로 확대할 계획이다. 2022년 이후에도 여군을 지속적으로 확충하기 위해 적극적으로 노력한다고 한다.

또한 우수한 여군 인력을 효율적으로 활용하고 여군이 차별 받지 않고 본연의 임무에 전념할 수 있도록 근무 여건도 개선해야 한다. 정부에서도 제도 개선을 지속적으로 추진하고 있다. 일례로 최근까지 여군 부사관의 복무 기간이 남자 군인(4년)과 달리 3년으로 1년 짧게 설정되어 있었다. 복무 기간이 짧으면 좋은 거 아니냐고 생각할 수 있지만, 여군에겐 부당한 차별이다. 여군 부사관은 처음부터 직업으로 군인에 지원한 것이기 때문에 가급적 안정적으로 오랜 기간 복무하기를 원한다. 더구나 남자 부사관보다 1년이 짧은 것은 불합리한 차별 소지가 컸다. 이에 남자 군인 부사관과 마찬가지로 여군 부사관 복무 기간도 4년으로 연장하기로 하고, 2016년 12월 1일자로 「군인사법」을 개정하였다.

반대로 남성에게 불리한 조항도 있었다. 「군인사법」에서 남성 군인의 육아휴직 기간이 여군과 달리 1년으로 차별 규정되어 있던 것이다. 사실 남성 군인이 육아휴직 하는 사례도 많지 않았다. 여성이나 공무원처럼 휴직 기간을 오래 보장할 경우 안정적인 병력 운용에 문제가 있을 수 있다는 우려도 컸다. 그러나 남성 군인도 한 가정의 가장으로서 필요시 육아휴직을 충분히 쓸 수 있어야 한다. 이에 따라 최근 군인의 육아휴직 조항도 개정하여 남성 군인도 여군 및 일반 공무원과 같이 최대 3년까지 쓸 수 있도록 하였다. 정부는 남녀가 함께 성장하고 복무할 수 있도록 제반 여건을 개선해나가고 있다.

또한 다문화 가정 출신의 군인들이 입대하면서 군의 다양화를 위한 제도 개선도 중요해지고 있다. 사실 얼마 전까지도 다문화 가정 청년들은 혼혈인이라는 이름으로 병역에 있어 여러 차별을 받아왔다. 2011년 이전까지 '외관상 명백한 혼혈인'(흑·백인계)은 원칙적으로 병역의무를 이행하여야 하나 본인이 원하면 전시근로역(제2국민역, 5급) 편입이 가능하였다.[31] 전시근로역은 앞서 제3장에서 설명한 대로 평상시에는 병역이 면제되며, 전시에만 근로역으로 복무하게 된다. 즉, 흑·백인계 혼혈인에게 병역면제를 허용함으로써 사실상 의무병으로 받아들이지 않은 것이다. 이는 외국인이 많지 않던 시기에 피부색이 명백히 다른 혼혈인이 입대하여 군 생활을 하기가 현실적으로 쉽지 않았기 때문이다. 그러나 다문화 가정이 증가하면서 같은 혼혈인 중에서도 아시아계 혼혈인은 군에 입대하는 불균형 문제가 발생하였다.

역사와 쟁점으로 살펴보는 한국의 병역제도

개정 논의 결과, 2011년 관련 병역법령 개정을 통해 동 조항을 폐지하였다. 흑·백인계 혼혈인은 사실상 병역면제를 허용하고, 아시아 계열의 다문화 가정 출신들은 군에 입대하도록 하는 것은 불합리한 차별이라는 데 대부분이 공감하였다. 이제 법제도적으로는 다문화 가정에 대한 차별도 없으며, 흑·백인계 혼혈 또는 아시아계 혼혈 등에 따른 불합리한 차별도 없다. 그러나 군에 복무하면서 알게 모르게 다양한 복무상의 차별 혹은 어려움이 여전히 남아 있을 수 있다. 이들의 언어, 문화, 종교, 인종적 특징에 따라 차이점을 인정하고 지속적으로 배려할 필요가 있다.

4

지속 가능한 국방을 위하여

앞서 2020년대 이후 한국 사회에서 인구 감소가 본격화되면서 거의 모든 청년이 군에 가게 되는 소위 '완전징병제의 시대'가 도래할 수도 있다고 하였다. 이는 군 병력을 감축하고 있음에도 불구하고, 적정 군 사력을 유지하기 위해 매년 충분한 병역자원이 필요하기 때문이다. 복무 기간을 단축하고 있어 연간 현역으로 입영해야 하는 사람은 더 많아진다. 그런데 인구는 늘릴 수 없으니 거의 모든 청년이 군에 가게 되는 것이다. 과연 이것은 지속 가능할까? 지속 가능한 군, 지속 가능한 국방, 평화를 창출하는 안보란 무엇인가? 그것은 군이 국민과 사회의 지지를 받고 사회의 성장과 궤를 맞추며, 나아가 사회의 성장을 견인할 때에만 가능하다.

최근 남북관계에 유의미한 변화가 있는 것은 사실이지만 국방정책이나 병역제도 측면에서 당장 새로운 길로 전환하기에는 여전히 조심

역사와 쟁점으로 살펴보는 한국의 병역제도

스럽다. 국민 역시 남북관계 변화 방향에는 긍정하면서도 궁극적으로 통일에 대한 전망은 비교적 담담한 편이다.[32] 동시에 남북관계는 우리의 노력만으로 끌고 가거나 쉽게 개선할 수 있는 것이 아니다.

일각에서는 통일 한국을 전망하면서 통일 한국과 모병제 전환 논의를 연결하기도 한다. 그러나 남북관계의 변화와 통일 한국의 전망이 이렇게 어려운데 통일 한국의 병역제도를 전망하기는 더욱 어렵다. 이는 통일의 형태와 기간, 통일 전후의 안보 환경과 병력 유지 전략, 필수 병력 규모 판단, 통일 시기를 전후로 한 남북한의 청년 인구 현황, 미래 병역자원 수급 전망 등에 따라 매우 가변적이기 때문이다.

그래서 남북관계의 변화와 병역제도의 전환을 조건적으로 연결하기란 쉽지 않다. 남북한이 화해 모드로 안정기에 접어들고 안정기가 상당 기간 지속된다면, 한국 내에서도 군사전략의 변화와 군축 및 병력 감축이 진행될 수도 있다. 반면, 안보 환경이 불안정할 경우 상당 기간 징병제를 유지해야 할 수도 있다. 즉 통일이 되면 당연히 병역제도를 전환할 수 있는 것이 아닌 것처럼, 통일이 되지 않더라도 우리 내부의 필요성에 의해 병역제도를 전환해야 할 수도 있다.

외국의 병역제도 및 군 인력 정책 변동 사례를 살펴보았지만 바로 인용하기에는 무리가 있다. 선진국에서 병역제도를 개선하려던 시도는 당초 의도와 상관없이 결과적으로는 대부분 모병제의 형태로 수렴하게 되었다. 그러나 최초에 병역제도를 개선하려던 것은 징병제 자체에 문제가 있었다기보다 인구 사회적 여건의 변화, 국가 재정상 우선순위의 변화, 기술의 발달 등이 배경에 자리하고 있었다. 징병과 모병을 혼합한 징모혼합제를 통해 직업군인을 늘리고 모병제의 속성이 강화되면서 병, 부사관, 장교 모두 하나의 연속적인 군 인사 관리 시스템 안으로 들어왔다. 이로써 병역제도 개선과 다양한 군인 충원제도의 활용이 가능해졌다. 선진국들은 모병을 안정적으로 하고 보다 우수한 인재를 선발하기 위해 군 인력 정책의 큰 틀에서 제도를 계속 보완, 발전시키고 있다.

이제 전혀 다른 시대가 오고 있다. 인구 사회적 여건 변화, 경제성장률의 안정적 둔화, 안보 환경의 불확실성 속에서 지속 가능한 국방을 향한 새로운 전략이 필요하다. 지금까지 우리가 운용해온 병역제도는 인구가 충분하던 '팽창사회'에 맞게 설계된 것인지도 모른다. 급속한 인구 변화에 대응한 능동적 개선 노력이 절실한 시점이다. 그렇지 않으면, 지금까지 '충분한 인구' 덕분에 병역제도의 혜택을 가장 많이 받아온 군이 이제 '인구 감소'의 타격을 가장 먼저, 직접적으로 받게 될지도 모른다.

선진국의 사례를 보면 인구 감소, 경제성장률 감소 등의 문제가 안보 문제와 연결되면서 사회적 안정성 차원에서 병역제도를 개선해 나갔다. 우리의 경우 경제 사회적 변화는 선진국과 유사한 행보를 보이는 것은 사실이지만, 특수한 안보 환경이 반드시 고려되어야 한다. 지속적인 연구와 논의 과정 속에서 국민 공감대가 형성되어야 할 일이다.

역사와 쟁점으로 살펴보는 한국의 병역제도

확실한 것은 인구 감소의 시대에 청년 인구가 급격히 줄어들면서 일할 수 있는 청장년 인구의 목소리가 커질 것이란 점이다. 이들의 부담은 줄이고 고용이나 복지 혜택은 늘려야 할 것이다. 이는 사회에 국한되지 않을 것이고, 군도 예외가 될 수 없다. 즉 사회 전반적으로 병역 복무 기간 단축 등 추가적인 병역 부담 완화 요구가 확산될 가능성이 높다. 생산인구의 핵심인 청년 인구가 군에 가 있는 만큼 사회에서는 그만큼의 생산 인력을 확보할 수 없기 때문이다. 동시에 청년들의 몸값이 높아질 것이다.[33] 이제 선택권은 청년들에게 돌아갈 것이다. 이들의 선택을 받으려면 군도 스스로 매력적인 직장이 되어야 하고, 대우를 높여야 한다. 또한 군인 개개인의 생명과 인권보호를 위해 병영 시설, 장비, 복무 여건, 교육훈련 등 군 복무 전반적 측면에서 지금보다 높은 수준으로 개선해야 한다.

안보 위협 측면에서는 여전히 북한과 대치하고 있고 여러 안보 위협이 상존하고 있는 현실을 무시할 수 없다. 병력을 감축함에 있어서 이러한 위협에 대비하여 적정한 군사력이 반드시 보강되어야 한다. 우선 장비 및 시설의 현대화가 필수적으로 보강되어야 한다. 지금까지 군인이 했던 많은 분야를 기술과 장비가 보완해줘야 하며, 무기 체계와 전력 지원 체계의 획득 및 평시 운영 유지 측면도 같이 봐야 한다. 군이 그동안 대규모의 병력에 의존해왔고 병력이 감축되는 만큼 과학 장비와 첨단 경비 시스템의 지원이 절실하다. 최악의 시나리오는 병력은 감축하고 복무 기간도 줄였는데 예산 제약으로 장비나 설비는 그만큼 보강되지 않는 경우이다. 애국심만으로 나라를 지키는 데는 한계가 있다.

무기 체계와 장비 보강 외에도 평상시 예비군 동원훈련 체계가 대폭 강화되어야 한다. 스위스 같은 안보 강소국 사례에서 살펴보았듯이, 상비군의 축소와 예비군의 강화는 동전의 양면이라고 할 수 있다. 평상시 예비군 동원 체계가 확고히 자리 잡고 있지 않으면 상비군을 줄이기 어렵기 때문이다.

이제 우리 군은 더 멀리 봐야 한다. 과거와 상관없이 다가온 미래의 조건들이 기존의 병역제도를 그대로 유지하기 어렵게 만들고 있다. 핵심은 징병제냐 모병제냐 하는 병역제도의 선택에 있지 않다. 역설적이게도 병역제도의 개선은 병역제도만으로는 달성할 수 없다. 병역제도를 넘어선 국방정책과 군사력 운용의 전반적 구조 속에서 함께 개선되어야 한다. 이 책이 병역제도에서 출발했지만, 정작 병역제도에 대한 속 시원한 해결책이나 정책 대안을 제시하지 못한 것은 아쉬움으로 남는다. 국방의 전 분야를 아우르는 통찰력을 갖추지 못하였거니와, 한 사람이 할 수 있는 일도 아니다. 국방정책과 군 인력 구조의 큰 틀에서 군 전투력을 유지하고 더 강한 국군을 양성하기 위해 머리를 맞대야 할 시점에 와 있다. 앞으로 군 안팎에서 더 많은 사람들이 같이 고민하고 나아갔으면 한다.

"미래를 예측하는 가장 좋은 방법은 미래를 창조하는 것이다."

경영학자 피터 드러커

먼저 정치학이라는 학문의 길로 들어섰음에도 불구하고, 공무원이 되어 배운 것을 실천하라고 격려해주신 고려대 명예교수 최상용 교수님께 깊이 감사드린다. 직장인 신분으로 박사 공부를 해보겠다고 찾아온 나를 흔쾌히 받아주시고 업무와 병행하느라 박사 논문 심사를 연기하고 또 연기하고 결국 포기하려 했을 때 용기를 주신 성균관대 행정학과 박형준 지도교수님을 비롯하여 이숙종 교수님, 국방대학교 김병조 교수님께도 감사드린다.

이 책의 초고를 쓴 지는 오래되었으나 용기를 못 내다가 출간을 결심하고 여러분에게 검토를 받으면서 격려도 함께 받았다. 국회 국방위 전문위원이셨던 김남곤 위원님, 한국국방연구원의 조관호 박사님, 전인범 전 특전사령관님, 국방부 이남우 실장님, 김정섭 전 기조실장님, 이황규 전 인사기획관님(예비역 소장), 신상범 장군님, 이영철 대령님, 병무청 서동조 님, 박지훈 님께 감사드린다. 무거운 주제의 책을 흔쾌히 출판해주시기로 한 메디치미디어의 김현종 대표님, 배소라 실장님께도 감사드린다.

마지막으로, 일하는 아내를 묵묵히 응원해주는 남편, 보석같이 귀하고 단단한 인간으로 나날이 성장하고 있는 딸, 초등학생 때 한 줄 가족소개란에 "엄마는 뭐 하는지는 모르겠는데 암튼 밤늦게 들어와요"라고 당차게 쓴 아들에게 고마움을 전한다. 그리고 어머니와 시어머니께도 감사함을 전한다.

PART 01

1 김기환, 이근평, "북핵만큼 두려운 인구절벽", 〈중앙일보〉, 2019.11.7., A2면.

2 오세중, "軍 복무단축·모병제·장병 급여 인상…대선후보, 軍 개혁 공약은?", 〈머니투데이〉, 2017.4.25., https://m.news.naver.com/election/president2017/news/read.nhn?sid1=154&oid=008&aid=0003862308#.

3 2011년 7월 4일, 오전 11시 50분경, 인천광역시 강화군에 위치한 해병대 2사단 해안 소초에서 해병대 김민찬 상병(당시 19세)이 K-2 소총을 탈취해 동료 해병들을 향해 사격하여 여러 명을 사망 및 부상케 한 사건이다. 김민찬 해병은 범행 후 생활관 옆의 창고 근처에 가서 수류탄을 자폭하여 자살을 기도했으나 파편상을 입고 쓰러진 후 치료를 받아 목숨을 건졌다.

4 2014년 4월 7일 경기도 연천군에 있는 육군 6군단 예하 28사단 의무대 내무반에서 후임인 윤 일병이 이찬희 병장 등 선임병 4명과 유경수 하사 등 초급 간부에게 한 달 이상 지속적으로 폭행당해 사망한 사건이다.

5 '군사학연구회'는 2013년 4월 한국의 국방대학교 교수들 및 군과 협약을 체결한 민간대학교 군사학과 교수들이 중심이 되어 군사학의 학문적 토대를 구축하고 이 분야의 연구와 교육을 활성화하기 위해 결성한 컨소시엄이다. 군사학 연구와 참고교재 집필에 주력하고 있으며, 향후 '군사학연구학회'로 발전시켜 국방정책 및 군사전략에 관한 정책 연구까지 그 영역을 확대해나갈 것이라고 한다.

6 김남국, "국가 안보와 인간 안보", 〈머니투데이〉, 2020.3.16., https://news.mt.co.kr/mtview.php?no=2020031514063346275.

7 김남국, "국가 안보와 인간 안보", 〈머니투데이〉, 2020.3.16., https://news.mt.co.kr/mtview.php?no=2020031514063346275.

8 국방부 군사편찬연구소, 《건군 50년사》,1998, p.29.

9 그 이유에 대해 박명림(1996: 532)은 호전적인 남한의 이승만 정부가 북침을 할 것을 우려했기 때문이라고 설명한 바 있다.: 박명림, 《한국전쟁의 발발과 기원2》, 나남, P.532

10 이강언, "건군 50년, 육군의 발전단계에 따른 육군대학의 역할조명." 〈군사논평〉. 1998, 제337호. p.6.

11 Revised Appendix B to the Agreed Minute of November 17, 1954 Between the Governments of the United States and the Governments of the Republic of Korea.: 육군 56만 5,000명, 해군 1만 6,600명, 해병대 2만 6,000명, 공군 2만 2,400명, 총 63만 명으로 구성되었다.

12 편제상 정원과 실제 운영 병력은 연도별, 시기별로 인원에 일부 차이가 있다. 이는 입대, 교육훈련, 파견 등 다양한 요인으로 정원과 운용 인원에 차이가 발생하기 때문이며, 연말 기준으로는 정원 인원에 맞기 때문에 일부 차이가 있는 부분은 간부 정원을 우선 기준으로 하였다. 한편 현역 군인 정원 구조상 병 규모에서 상근예비역은 제외하였다. 병으로서 군부대에 출퇴근 형태로 복무하는 상근예비역은 1만 6,000여 명 수준이다. 이들은 현재 군인 정원에는 포함하지 않으나 상근예비역도 현역 신분으로 출퇴근 복무의 형태가 다를 뿐이라는 점에서 현역 군인으로 같이 계산하면 2018년 한국군 규모는 약 61만 5,000여 명 수준이다.

13 "국방의 의무"에 대해서는 이외에도 여러 정의가 있으나 대체적으로 외국의 침략, 국가의 존립, 영토의 보전, 방위할 의무 등의 요건은 일치한다. : 계희열, 《헌법학》(중), 박영사, 2004, p.811 ; 권영성, 《헌법학원론》, 법문사, 2011, p.720.

14 국회사무처,《제1회 제25차 국회본회의 회의록》: 22.
15 헌법상 '국방의 의무'에 대해 헌법재판소가 내린 정의는 다음 자료를 참조 : 김종철, 2011, p.65 (헌법
    재판소 판례, 2002.11.28., 2002헌마45, 판례집 14-2, 704, 710.).
16 유지태,《행정법 신론》, 신영사, 1997, p.1011.
17 나태종, "한국군에 있어서 병역의무 이행에 관한 철학적 논의와 병역정책의 발전", 〈한국동북아논총〉
    제61호, 2011, p.152.
18 나태종, "21세기 한국의 병역제도 발전방안 연구 - 안보 환경 변화와 외국 사례 비교분석을 중심으
    로", 박사학위 논문, 충남대학교, 2011, p.178.
19 Moller, Bjorn., "Conscription and its Alternatives", The Comparative Study of Conscription in
    the Armed Forces, 2015, Vol. 20, p.279.
20 권세진, "안보위기 북유럽 국가들 속속 여성 징병제 도입", 〈월간조선〉, 2017년 11월호, http://
    m.monthly.chosun.com/client/news/viw.asp?ctcd=A&nNewsNumb=201711100039 : 정재
    훈 교수는 "노르웨이의 경우 어떤 상황에서도 성희롱, 성폭력은 해서도 안 되고 용납하지도 않는 사회
    적 분위기가 자리 잡고 있습니다. 노르웨이에서는 성별 임금격차, 유리천장, 여성 경력단절 같은 게 없
    습니다. 병영 내 남녀 공동사용 내무반을 시도할 정도입니다"라고 하였다.
21 남성만의 병역의무에 대한 위헌심판제청에 대해 2010년에는 재판관 6인의 합헌결정(헌법재판
    소 2010.11.25. 2006헌마328), 2011년에는 7인의 합헌 결정(헌법재판소 2011.6.30. 2010
    헌마460)이 있었다. 세 번째는 2014년의 결정으로 재판관 전원 일치로 합헌 결정되었다.(헌재
    2014.2.27., 2011헌마825)
22 정정길,《정책학 원론》, 대명출판사, 2007, p.54.
23 조영갑,《국가 안보학》, 선학사, 2006, p.80.
24 Huntington, S. P.《The Common Defense》. New York(Columbia University Press), 1961, p.
    1-12.
25 김두성,《한국병역제도론》. 제일사, 2003, p.17.
26 병역자원 兵役資源 은 일반적으로 병역을 이행할 수 있는 병역의무 대상자로서 한국에서는「병역법」상
    병역의무가 있는 18세~35세 사이의 대한민국의 남자를 지칭한다.
27 이은정, 조관호 외,《2014 국방 인력운영 분석과 전망(I)》, 한국국방연구원, 2014.12월.
28 민진 외 공저.《국방행정학》. 대명출판사, 2005, p.539-540.
29 주민등록제도의 연혁과 정치, 행정적 평가에 대해서는 공제욱 엮음,《국가와 일상》, 한울, 2008,
    p.85-111 참조.
30 2016년 11월 30일, 병역 관련 용어가 일반인이 이해하기에 쉽지 않은 측면이 있어 국민편의에 맞게
    최근「병역법」을 개정하였다. 개정된「병역법」에 따르면, 기존의 '징병검사', '신체검사' 용어는 '병역
    판정검사'로, '제1국민역'은 '병역준비역'으로, '제2국민역'은 '전시근로역'으로 수정되었다. 이 책에서
    는 해당 병역정책 시행 당시의 공식용어를 쓰되 편의상 의미 전달이 되는 한도 내에서 새 용어를 혼용
    할 것이다.
31 Marshall, Burke., "Who Serves When Not All Serve? In Pursuit of Equity", Report to the
    President by the National Advisory Commission on Selective Service. 1967, p.204.
32 정현용, 정현용 기자의 밀리터리 인사이드 "제비뽑기로 군대 가는 나라…군입대 하면 기뻐하는 나라",
    〈서울신문〉, 2015.10.2., http://www.seoul.co.kr/news/newsView.php?id=2015100301700
    9#csidxf6dbb308d2a384bac42e27ca19f1203.
33 이현우, "태국처럼 '제비뽑기'로 군대 가는 나라가 또 있다고요?", 〈아시아경제〉, 2018.4.10., http://
    view.asiae.co.kr/news/view.htm?idxno=2018041010115511741.
34 병무청, "외국의 병역제도", 2015, https://www.mma.go.kr/index.do.

PART 02

1 김문성, 《병무행정론》. 법문사. 1989, p.38.

2 Moller, Bjorn., "Conscription and its Alternatives", The Comparative Study of Conscription in the Armed Forces, 2015, Vol. 20, p.277–305.

3 Flynn, George Q. 《Conscription and Democracy: The Draft in France, Great Britain, and the United States》. Greenwood Press. 2002, p.14–21.

4 원연희, "번역 행위로서의 일본의 근대화 과정." 석사학위 논문. 강원대학교. 2009, p.144~146.

5 "월급 300만 원 모병제 가능할까", 〈서울신문〉, 2018.9.26., http://www.seoul.co.kr/news/newsView.php?id=20180921500002&wlog_tag3=naver#csidxf3a44000cf95cebaebdaa06cce1ccb6.

6 정주성, 정원영, 안석기, 《한국 병역정책의 바람직한 진로》. 한국국방연구원, 2003, p.24.

7 김주찬, 선종렬. "병역제도 변화요인 분석: 미국 사례를 중심으로." 한국행정학회 동계학술발표 논문집, 2008, p.4.

8 북한의 병역제도와 관련해서는 다음 책 참조: 정영태·박형중, 《북한 병역제도 변화와 병력 감축 가능성》, 통일연구원, 2003.

9 이상목, "병역자원 수급 전망과 복무 기간 조정에 대한 정책적 함의", 규제 연구, 2003, 12(1), p.77.

10 민진 외 공저, 《국방행정학》. 대명출판사, 2005, p.559.

11 이병철, 《현대 행정학 이해》, 울산대학교, 1996, p.76-78.

12 이상목, "병역제도의 전환 가능성과 개선 방안에 대한 소고." 규제연구, 2005, 14(2).

13 김병조, "한국 병역제도의 특성: 비교사회학적 분석", 교수논총, 국방대학교, 제24집, 2002, p.294-295 ; 이건재, 김경업, 정종석, "병역제도 선택에 관한 이론연구", 신정환 편, 《선진국방의 비전과 과제》, 나남출판, 1996, p.393-433 ; 김주찬·선종렬, "병역제도 변화요인 분석: 미국 사례를 중심으로", 한국행정학회 동계학술발표논문집, 2008, p.3-4.

14 정책과정론적 접근의 대표적 연구는 다음과 같다. Kelleher, C. McArdle. "Mass Armies in the 1970s: The Debate in Western Europe." Armed Forces and Society. 1978. 5(1). ; Haltiner, Karl W. "The Definite End of the Mass Army in Western Europe?." Armed Forces & Sociology. 1998. 25(1), p.7-36.

15 Haltiner, Karl W., "The Decline of Europe Mass Armies." 《Handbook of the Sociology of the Military》. New York: Kluwer Academie / Plenum Publishers, 2003.

16 김병조, "한국 병역제도의 특성: 비교사회학적 분석." 교수논총, 국방대학교, 24, 2002,. p.291-312.

17 김창주(2004: 23)의 논문에서 병역가용자원은 인구 중 18세에서 32세까지의 나이에 있는 남자들이며, 군 복무자는 현역과 예비군의 합이다. 따라서 군 복무자 비율은 (현역+예비군)/병역가용자원 × 100 이다. 반면, 본 연구에서는 시계열 비교분석의 용이성을 위해 병역자원을 일정 연령(19세~20세)으로 한정하고, 군 복무도 순수 현역병 복무로 한정하였다. 두 가지 접근 방법은 방법론적 차이로 볼 수 있다.

18 나태종, "21세기 한국의 병역제도 발전 방안 연구 - 안보 환경 변화와 외국 사례 비교 분석을 중심으로", 박사학위 논문, 충남대학교, 2011, p.230.

19 국방통계 : 연도별 현역병 입영 현황

기준	'18년	'17년	'16년	'15년	'14년
현역병 입영 합계	222,517 명	227,115 명	261,203 명	249,477 명	274,292 명
징집	101,733 명	109,458 명	120,395 명	111,971 명	137,643 명
모집	120,784 명	117,657 명	140,808 명	137,506 명	136,649 명

국방통계 및 병무통계 자료상 통계 정의에 의하면, '징집'은 「병역법」에 의거 징병 적령에 도달한 자에 대하여 징병검사를 거쳐 현역복무에 적합한 자를 선발하여 현역에 복무할 의무를 결정, 군에 입영시키는 것을 의미한다. '모집'은 징집으로 확보하기 어려운 특수 분야의 병을 본인의 지원에 의해 선발하여 군에 입영시키는 것을 말한다. 현재 해병대, 해군, 공군 및 육군의 일부가 모집에 의한 입영을 하고 있다.

20 1960년대 중반부터 1970년대 초반까지 미국에서 징병제의 문제점을 지적하고 병역제도의 혁신을 이끄는 데 기여한 경제학자로 밀턴 프리드만 Milton Friedman 과 월터 오이 Walter Oi 등이 대표적이다. 미국의 병역제도 변동과 관련해서는 다음 참고: Friedman, M. and Friedman, R. 《Two Lucky People》. Chicago, IL: University of Chicago Press.1998; Oi, W. "The Economic Cost of Draft." American Economic Review. Vol. 27, 1967. No.2: 39–62. ; Henderson, D. R. "The Role of Economists in Ending the Draft." Econ Journal Watch. Vol.2. 2005, No.2: 362–376.

21 U.S. President's Commission. 1970, "U.S. President's Commission on an All-Volunteer Armed Force.", p.161.

22 Cooper, Richard V. L. 1977, "Military Manpower and the All-Volunteer Force." a report prepared for Defense Advanced Research Projects Agency(RAND Cooperation), 1977, p.52.

23 이태우, "한국군의 모병제 전환 가능성에 관한 연구 – 병역유형의 결정요인을 중심으로." 박사학위논문. 국민대학교. 2014, p.89.

24 독일의 병역제도 변동 과정에 대해서는 다음 논문 참조 : Klein. P, "The Reforms of the Bundeswehr" in 《The European Armed Forces in Transition: A Comparative Analysis》(Kernic. Franz, Klein. Paul, Haltiner. Karl(eds)), Peter Lang in Frankfurt., 2005, p.145–155.

25 징병제 최종 폐지 시점은 의무병의 입대일 기준이냐, 최종 전역일 기준이냐에 따라 편차가 있으나 마지막 의무복무자가 2018년 12월 26일에 모두 제대함에 따라 군 병력이 전원 지원병으로 채워지게 됐다. : 이민정, "대만 軍 징병제 완전 종료…67년 만에 역사 속으로", 〈중앙일보〉, 2018.12.27., https://news.joins.com/article/23240824.

26 "대만 軍 징병제 완전 종료…67년 만에 역사 속으로", 〈중앙일보〉, 2018.12.27., https://news.joins.com/article/23240824. : 총병력 21만 5,000여 명 중 병가나 사무직, 계약직 등을 제외하면 상비부대의 정식 편제는 총 18만 8,000명이다. 대만 국방부 보도자료에 의하면, 2018년 10월 현재 지원병이 15만 3,000명으로 현 편제의 약 80% 수준이며, 이들은 지원병으로 충당할 수 있다고 한다.

27 대만의 환율은 2017년 기준 1위안 당 한화 35원으로 이등병 월급 3만 7,560위안은 한화로 약 130만 원 수준이다.

28 "안보 강소국을 가다 – 이스라엘 국방정책·징병제도", 〈세계일보〉, 2013.2.14.,http://www.segye.com/newsView/20130213023911.

29 "안보위기 북유럽 국가들 속속 여성 징병제 도입", 〈월간조선〉, 2017년 11월호., http://m.monthly.chosun.com/client/news/viw.asp?ctcd=A&nNewsNumb=201711100039.

30 Talpiot은 '성의 탑'이라는 뜻의 히브리어로 성취의 정점 혹은 난공불락이라는 의미를 내포하고 있다.: 노석조, 《강한 이스라엘 군대의 비밀》, 메디치미디어, 2018, p.53–57.

31 "안보 강소국을 가다. ① 비상사태 완벽 대비 스위스 민방위",〈세계일보〉, 2012.12.31., https://www.segye.com/newsView/20121231022367.

32 Moller, Bjorn., 2015, "Conscription and its Alternatives",《The Comparative Study of Conscription in the Armed Forces》, 2015, Vol. 20, p.298.

33 스위스의 병역제도에 대해서는 스위스 공식홈페이지 참조: Swiss Authorities Online, 2019.1.6., "Performing compulsory service", https://www.ch.ch/en/performing-compulsory-service.

34 "세계징병제 진단 - 10.스위스",〈연합뉴스〉, 2007.1.8.,https://news.naver.com/main/read.nhn?mode=LSD&mid=sec&sid1=104&oid=001&aid=0001514711.

35 "안보 강소국을 가다 ①비상사태 완벽 대비 스위스 민방위",〈세계일보〉, 2012.12.31.,https://www.segye.com/newsView/20121231022367.

PART 03

1 「병역의무의 특례규제에 관한 법률」 제정 당시 국방부장관은 "국민에게 병역의무를 평등, 공평하게 부과함으로써 국민으로 하여금 국가에 대한 기본적인 의무를 이행하게 하기 위하여 각종 법령으로 「병역법」에 대한 특례를 규정함을 억제하는 한편 특수한 기술 분야에 종사하는 병역 의무자에게는 해당 분야에서 국가에 공헌할 기회를 보장하여 이로써 병역의무를 마친 것으로 보게 함으로써 국토방위와 경제자립의 국가적 목적을 균형 있게 달성하려는 것"이라고 제정 이유를 설명하였다.

2 본래 방위병제도는 1962년 「병역법」 개정시 "전시, 사변 또는 이에 준하는 사태"에 있어서 향토방위를 위하여 예비역의 장교·준사관·하사관·병과 보충역의 하사관 및 병을 소집하여 실시하도록 최초로 규정된 것이다. 소집 목적이 향토방위였기 때문에 거주지 단위로 소집 실시하는 것이 특징이었고, 평상시에는 운용하지 않았다.

3 기초훈련 이수 후에 형식상 집으로 복귀시킨 다음(귀휴) 전투경찰로 복무하게 하였다는 점에서 '귀휴 특례'라고 명명하였다. 귀휴 기간은 현역병 복무 기간을 마칠 때까지로 하며 이 기간 중 전투경찰업무에 종사하게 하였다.

4 공중보건의사의 공식 명칭은 '의무예비역 무관후보생'으로서 1979년부터 농어촌 등 보건의료 취약지역에서 3년간 종사하였다.

5 학술 분야 특기자는 「한국정신문화연구원육성법」에 의해 설치된 대학원에서 석사학위를 받고 문교부장관이 지정하는 학술기관에 종사하는 자, 문교부 장관이 선발한 국비 유학생 등이 해당한다. 예체능 분야 특기자는 국제 규모의 저명한 음악·체육 경연대회에서 수상한 자 등이다(병무청, 1985하: 539).

6 최성우 등, "이공계 대체복무제도의 개선방안에 관한 연구." 정책연구(과학기술정책연구원), 2003, p.15.

7 국회사무처, 「제147회 국회법제사법위원회 제13차」, 1989.12.8., p.23.

8 김신숙, "한국 병역제도의 변화 연구", 성균관대학교 행정학과 박사학위논문, 2016, p.180.

9 김영삼 정부 출범 직후 "병무부조리 근절" 및 "병역의무의 형평성 유지를 위한 제도개선" 추진계획을 수립하였다. (한국병역정책연구소, 2001: p.565.)

10 국회사무처, 「제165회 국회국방위원회 제11차」, (1993.12.9.), p.8-11 참조: 「병역법」 개정 논의과정에서 당시 국방부장관은 법 개정 취지로 "장기 대기 면제자들로 인해 병역의무의 형평성 문제가 심각하여 예외 없는 병역의무 부과를 위해 기존 연구요원, 기능요원 외에 공익근무요원, 상근예비역을 새로이 설정하여 국가정책상 효율적으로 활용하고자 한다"고 설명하였다.

11 이들은 4주간 기초 군사훈련을 마친 뒤에 복무 기간에 배정되어서 주간 또는 주·야간으로 근무하였다. 복무 기간은 행정관서요원 28개월, 국제협력요원 32개월, 예술·체육요원 36개월이었다. 현역병의 봉급에 준하는 보수를 받으며 출퇴근 형태임을 고려하여 별도의 중식비와 교통비를 지급하였다.

12 벤처기업에 대한 대체복무 특례요건 완화의 대표적 예로 1인 벤처기업가에 대한 연구전담요원 특례가 있었다. 2000년 과학기술부 고시를 개정하면서 "벤처기업의 대표자 중 동 기업이 설립한 연구소의 연구개발 활동과 관련된 분야를 전공하고 연구개발 과제를 직접 수행하며 연구소장을 겸임하는 경우에는 연구전담요원으로 인정"해주었다. : 김신숙, "한국 병역제도의 변화 연구", 성균관대학교 행정학과 박사학위 논문, 2016, p.181.

13 「비전 2030: 2+5 전략」은 급속한 출산율 하락과 고령화 진행으로 인한 노동력 부족 현상 심화에 대비해 노동시장에의 입직연령을 앞당기고, 일하는 기간 동안 인력의 질을 고도화시키며, 일할 수 있는 기간을 늘려 오랫동안 근무하고 퇴직 시기를 늦추는 것을 주요 골자로 하고 있다. : 「인적자원 활용을 위한 2년 빨리, 5년 더 일하는 사회 만들기 전략」, 재정경제부, 교육인적자원부, 국방부, 보건복지부, 노

동부, 기획예산처 공동작성, 2007.2.5. 발표.

14 자료수집 및 병역자원의 측정 등 분석 방법론은 김신숙·박형준의 (2016)에서 사용한 방법론을 기본적으로 준용하였다.

15 Oi, Walter Y., "The Cost and Implications of an All-Volunteer Force," in Sol Tax, ed.,《The Draft: A Handbook of Facts and Alternatives》, University of Chicago Press, 1967, p.221-251.

16 예를 들면 2018년을 기준 년도로 볼 때, 현역병 입영자(22만 2,500여 명) 대부분이 2017년에 징병검사를 받은 사람들이라는 점을 감안하여 모수(母數)를 2017년 징병검사 인구(32만 4,000여 명)로 계산하는 방식이다. 연령별 입대비율은 매년 약간의 편차가 있으나 대부분 20~21세에 입영하고 있다.

17 15~20여 년 전 예외적으로 출산율이 몇 년간 급증하였고, 이후 1997년 말 IMF 사태를 거치면서 출산율이 급감하여 이후로는 감소 추세를 안정적으로 유지하고 있다. 이후 2000년과 2001년에 '밀레니엄 베이비' 영향으로 짧게 출산율이 일시적으로 올랐지만 이 역시 2~3년에 불과한 것으로 분석되고 있다.

18 수요 측면에서 보다 정밀한 분석을 위하여 현역병 입영자 중 전환복무요원을 제외한 순수 군 복무 현역병 수요만 반영하였다. 전환복무요원은 형식상 처음에 현역병으로 입영하여 기초 군사훈련을 받는 과정에서 본인의 의사와 상관없이 전환복무요원으로 신분이 전환되어 경찰이나 교도소 등에서 복무하였다. 이 점 때문에 과거 병무청의 현역병 입영통계에 전환복무요원이 포함된 경우가 있으나 이 책에서는 현역병 입영통계에서 전환복무요원을 엄밀히 분리하였음을 밝혀둔다.

19 김신숙, 박형준, "병역 대체복무제도의 변동 과정 고찰과 변화 요인 분석." 국정관리연구, 2016, 11(3), p.85-115 : 김신숙·박형준(2016)의 기본 분석 내용을 토대로 병무청(2010)〈병무행정사〉 및 관련 기관에서 수집한 1차 자료를 분석하여 작성하였다.

20 김노운, "병역자원의 효율적인 활용방안 연구", 교수논총 제7집, 국방대학교, 2001, p.126-130.

21 김신숙, 박형준, "병역 대체복무제도의 변동과정고찰과 변화 요인분석." 국정관리연구, 2016, 11(3), p.85-115 : 김신숙·박형준(2016)의 기본 분석내용을 토대로 병무청(2010)〈병무행정사〉 및 관련 기관에서 수집한 1차 자료를 분석하여 작성하였다.

22 방위병 폐지 당시 논의에 대해서는 국회사무처1993.12.9.「제165회 국회국방위원회 제11차」. p.8-11 참조 : 당시 국방부 담당국장은 "방위병제도 폐지로 생긴 자원 17만 명, 장기대기 소집면제제도 폐지로 생긴 자원이 3만여 명으로 모두 20만 명의 잉여자원이 생기는데 이들 중 5만 2,000여 명은 현역화하고, 상근예비역으로 3만 6,000여 명, 보충역 공익근무요원으로 2만 2,000명을 해소하고, 현역병 복무 기간을 30개월에서 26개월로 4개월 단축함으로써 더 필요해진 현역병 수요가 4만 7,000명, 그 외 자연감소인원 4만여 명, 예비자원 5,000명으로 모두 흡수된다"고 설명한다. 상기 설명을 도식화하면 [잉여자원 20만여 명 = 5.2만 명(현역) + 3.6만 명(상근) + 2.2만 명(공익) + 4.7만 명(복무 기간 단축) + 4.5만 명(자연 감소)]가 된다.

23 연도별 장기 대기 면제 기준은 매년 달랐다. 주요 내용만 소개하면, 1974~1976년에는 전원 4년이면 장기대기 면제하였으며, 1977~1982년 기간 동안 중학 이상 학력자는 4년, 국졸은 1년이면 면제하였다. 잉여가 특히 급증한 1983~1986년에는 중학 이상 학력 2~3년, 국졸 1년으로 계속 더 완화되었으며, 1987~1994년에는 대학생까지 3년 이상 대기하면 면제 처리하였다.

24 1953년의 정부 재정 대비 국방비 수준(53.7%)은 노훈 외(2010) p.43에서 인용하였다.

25 박용한, "국방비, 文 정부 들어 10조 껑충", 〈중앙일보〉, 2020. 1. 25, https://news.joins.com/article/23689955.

26 2017년 최저임금은 시간당 6,470원이다. 8시간 기준 일급으로 환산하면 5만 1,760원, 주 40시간 기준 월급(유급 주휴 포함, 월 209시간 기준)으로는 135만 2,230원이다.

역사와 쟁점으로 살펴보는 한국의 병역제도

27 박수찬, "병사는 싸구려? …장병 처우 논란에 숨은 불편한 진실", 〈세계일보〉, 2017.4.18., https://news.naver.com/main/read.nhn?mode=LSD&mid=sec&oid=022&aid=0003162669&sid1=001.

28 오세중, "사병월급 … 해외 징병제 국가 중 최악", 〈머니투데이〉, 2016. 12. 27, https://news.mt.co.kr/mtview.php?no=2016122114177679744&outlink=1&ref=https%3A%2F%2Fsearch.naver.com.

PART 04

1 나태종, "21세기 한국의 병역제도 발전 방안 연구 – 안보 환경 변화와 외국 사례 비교 분석을 중심으로." 박사학위 논문. 충남대학교, 2011, p.84.

2 전일국, "국방개혁 2020 추진에 따른 병역제도 개선에 관한 연구", 국방대학교 연구논문, 2006.

3 병 복무 기간의 변동에 대해서는 명송식이 "병 복무기간 조정 정책결정 영향요인에 관한 연구"(2013)에서 정치적, 군사적, 경제적 요인 측면을 중심으로 상세히 분석하였다. 다만 동 연구에서는 복무 기간의 변동에 병역자원의 수급이라는 인구 요인 관점에서 분석이 미흡했다는 점이 아쉬움으로 남는다.

4 유용원, 軍 "기갑·정비병은 숙련에 최소 21개월"··· 與 "부사관 늘리면 돼", 〈조선일보〉, 2013.1.4. http://news.chosun.com/site/data/html_dir/2013/01/04/2013010400295.html.

5 유용원, 김장수 전 국방장관 발언 내용, 〈조선일보〉, 2013.1.4.

6 정길호, "현역 의무복무 기간 18개월이 적합하다", 〈조선일보〉 오피니언 [발언대], 2017.8.14., http://m.chosun.com/svc/article.html?sname=news&contid=2017081301831.

7 이상목, "병역자원 수급 전망과 복무 기간 조정에 대한 정책적 함의". 규제연구., 2003, 12(1), p.78.

8 최초 군 규모와 연계된 현역병 복무 기간에 대한 논의는 1949년 「병역법」 제정 당시와 1957년 「병역법」 개정 당시의 국회에서의 논의를 보면 상세히 알 수 있다: 국회사무처, 「제4회 국회본회의 속기록 제9호」, 1949, p.146; 국회사무처, 「제25회 국회본회의 속기록 제32호」, 1957, p.2.

9 공군 병 복무 기간은 최근까지도 「병역법」상 2년 4개월로 규정되어 왔으나, 2020년 3월 6일 2년 3개월로 1개월 단축하는 「병역법」이 국회에서 통과되었다. 이로써 3월 8일 입영하는 공군병부터 개정 조항의 적용을 받는다.

10 김두성, "한국 병역제도의 결정요인에 관한 역사적 고찰", 박사학위 논문(한남대학교), 2002, p.234-235.

11 한편 「병역법」상 신분에 따른 복무 기간 차별도 있었다. 육군 병 복무 기간이 법상 기본 2년이었을 때, 대학생의 복무 기간은 학습권을 보장한다는 명분으로 「병역법」에 1년으로 단축하였다. 즉, 대학생이 아닌 일반 청년이나 농어촌 청년들은 실제로 3년 이상을 복무하던 시기에 대학생은 1년만 복무하였다. 초등학교 교사도 6개월만 복무하도록 하였다.

12 2003년 8월부터 1주씩 단축하여 10월에 24개월로 단축을 완료하였다.: 〈연합뉴스〉, 2003.3.15.

13 정용수, "군 복무 기간 21개월 확정", 〈중앙일보〉, 2010.12.22.,http://news.joins.com/article/4824530.

14 국회사무처, "제114회 국회 제8차 본회의", p.5.: 당시 한광옥 의원은 "군은 국토방위에만 전념하는 것이 그 임무인데 전투경찰 충원이 필요하고 병역자원이 남는다고 해서 경찰의 업무영역에 국토방위를 목적으로 하는 군 병력을 투입하는 것은 매우 잘못이다. 병역자원이 남아 돈다면 군 복무 기간을 단축시켜 병역 의무자에게 혜택을 주는 방법을 강구하여야 한다"라고 발언하였다., 1982.12.14.

15 국회사무처. 「제165회 국회국방위원회 제11차」.1993.12.9. p.8~11 참조. : 당시 정부 측에서는 법 개정 취지로 "장기 대기 면제자들로 인해 병역의무의 형평성 문제가 심각하여 예외 없는 병역의무 부과를 위해 기존 연구요원, 기능요원 외에 공익근무요원, 상근예비역을 새로이 설정하여 국가정책상 효율적으로 활용하고자 한다"고 설명하였다.

16 2005년 9월 1일, 국방부의 「국방개혁안」 보고 시 대통령은 후속 조치로 기획예산처와 청와대 안보실에 군 인력 운영 효율화 방안 검토를 지시한다. 이때부터 연구 용역, 전문가 토론회, 현장 방문 등 의견 수렴 과정을 거쳐 현 징병제하에서 병역제도 개선 방안을 검토하고 「군 복무 개선 방안」 1차 검토 결과를 대통령 주재 보고회의(2006.6.27.) 때 보고한다. 이후 동 검토안을 더 구체화하기 위해 대통령 지

시로 관계부처 합동 「병역자원연구기획단」을 구성(2006.9.18.)하고 병역자원 전반에 대해 종합적인 검토와 자문회의 등을 거쳐 2007년 최종 「군 복무 개선방안」을 마련하였다.

17 「국가인적자원의 효율적 활용을 위한 병역제도 개선방안 : 군 복무」, 병역자원연구기획단(관계부처 합동), 2007.2.5.

18 국방부 보도자료, "2011년부터 달라지는 국방업무", 2010.12.30. 참조 : 육군, 해병대, 전투경찰, 의무경찰, 경비교도, 상근예비역의 복무 기간은 21개월, 해군, 해양경찰, 의무소방원은 23개월, 공군과 공익근무요원(현 사회복무요원) 중 사회서비스 행정업무를 지원하는 자는 24개월로 조정하였다. 새로운 복무 기간 조정안은 2011년 2월 27일 입대자부터 적용하였다.

19 Ajangiz(2002)는 2000년대 초반을 기준으로 유럽의 많은 국가가 징병제에서 모병제로 전환하는 추세에 대해 다양한 요인으로 분석하였다: Ajangiz, Rafael., "The European Farewell to Conscription?", 《The Comparative Study of Conscription in the Armed Forces》, 2002, Vol. 20, p.307-333.

20 Ajangiz, Rafael., "The European Farewell to Conscription?", 《The Comparative Study of Conscription in the Armed Forces》, 2002, Vol. 20, p.313.

21 이상목, "병역의무 부담의 형평성과 군필자 가산점제도: 쟁점과 정책제언." 제도와 경제, 2011, 5(2), p.191-223.

22 「병역법」 제36조 (지정업체의 선정 등) 제4항 병무청장은 군에서 필요로 하는 인원의 충원에 지장이 없는 범위에서 편입할 수 있는 인원을 결정한다. 「병역법」 시행령 제41조 (전환복무자의 필요 인원 등의 협의) 제1항 국민안전처장관, 경찰청장은 의무경찰, 의무소방원의 필요 인원을 국방부 장관과 미리 협의하여야 한다. 제2항 국방부 장관은 협의 요청을 받은 경우에는 군에서 필요로 하는 인원의 충원에 지장이 없는 범위에서 협의에 응하여야 한다.

23 이어서 「병역법」 제21조부터 제43조까지 개별 대체복무의 편입 대상, 절차가 개별적으로 규정되어 있고, 각각 복무 형태, 기간, 처우가 다르다.

24 현 「병역법」 시행령 제68조의 11에 따라 예술요원의 편입 기준은 국제예술경연대회 2위 이상 입상자, 국내예술경연대회 1위 입상자, 중요무형문화재 5년 이상 전수교육 이수자이다. 체육요원의 편입기준은 올림픽대회 3위 이상(동메달) 수상자, 아시아경기대회 1위 수상자이다.

25 장세정, "장세정의 직격 인터뷰 김일생 전 병무청장," 《중앙일보》, 2018.9.7., https://news.joins.com/article/22950102.

26 이광원(2011: 53)에 의하면, 1991년 당시 진경 신분의 박석진 씨가 전투경찰대설치법의 위헌성을 지적하며 헌법소원을 제기하였고, 1995년 12월 28일 헌법재판소에서 5대 4로 합헌 결정이 내려졌다. 합헌판정 이후에도 여전히 현역병의 강제 차출에 대해서는 논란이 계속되었다: 전투경찰대설치법 등에 대한 헌법소원(91헌마80, 1995년 12월 28일 선고) 참고: 이광원, "전투경찰제도의 문제점과 개선방안", 서울법학, 2011, 19(1), p.49-79.

27 「병역법」 제2조 제9항에 의하면 승선근무예비역은 항해사 또는 기관사로서 전시·사변 또는 이에 준하는 비상시에 국민경제에 긴요한 물자와 군수물자를 수송하기 위하여 소집되어 승선 근무하는 사람으로 정의되어 있다. 승선근무예비역 편입 대상은 선박직원법에 따른 항해사·기관사 면허를 가진 자중 해운업 분야 500톤 이상, 수산업 분야 100톤 이상의 선박에 승선하여 근무하는 사람 또는 승선하기로 결정된 사람이다. 복무 기간은 5년의 기간 내에 3년간 승선 근무하여야 한다.

28 박점규, "사복 입은 이등병? 병특이 족쇄인가, 산업기능요원〈한겨레21〉, 2018.8.30., http://h21.hani.co.kr/arti/society/society_general/45853.html.; 권승준, "군대 대신 배 탄 청년들… 그곳은 바다 위의 지옥이었냐", 〈조선일보〉, 2018.5.12., http://news.chosun.com/site/data/html_

dir/2018/05/11/2018051101727.html.

29 1949년 5월 23일 제정된 독일기본법(헌법, Grundgesetz) 제4조 3항(양심, 종교의 자유)에 "어느 누구도 양심에 반해 전투 행위를 위한 병역을 강요받아서는 아니된다"라고 규정하고, 1956년 7월 21일 개정된 독일기본법(헌법) 제12조 2항(병역의 의무)에서는 이들에게 대체복무제도를 명문화하였다.

30 징병제 유지 당시 독일의 민사복무제도의 상세 내용에 대해서는 다음 논문 참조: 이상목, "시장중립성과 사회적 효용의 제고를 위한 잉여병역자원의 활용에 대한 소고", 규제연구 제16권 제2호, 2007.12월, p.26-30.

31 노석조, 《강한 이스라엘 군대의 비밀》, 메디치미디어, 2018

32 "헌재 "양심적 병역거부 처벌은 합헌…대체복무제는 도입해야", 〈연합뉴스〉, 2018.6.28., https://news.naver.com/main/read.nhn?mode=LSD&mid=sec&oid=001&aid=0010179163&sid1=001.

33 이대웅, "종교적 이유 병역거부자 대체복무 시행", 〈크리스천투데이〉, 2019.12.28., https://www.christiantoday.co.kr/news/327784.

PART 05

1   홍성국,《수축사회》, 메디치, 2018, p.6-25.

2   노훈 외 국방발전연구진,《국방정책 2030》, 한국국방연구원, 2010, p.133-139: 여기서는 과학기술 발전의 가속화, 인구구조상 저출산 고령화, 경제적으로 저성장 시대, 네트워크 문화 확산, 전 국토의 도시지역화 6개의 트렌드를 소개하였다.

3   고령화란 출산율이 하락하는 가운데 평균 기대수명이 증가하면서 생산가능인구 비중은 감소하고 노인 비중이 늘어나는 현상을 말한다.

4   독고순, 김푸름, "저출산의 심화와 선진국의 군 인력 획득 이슈", 주간국방논단, 2017, p.1-8.

5   합계출산율Total Fertility Rate이란 여성 1명이 평생 동안 낳을 수 있는 자녀 수를 의미하며, 보통 15세부터 49세까지 가임기 여성의 연령별 평균 출산율의 합계로 계산한다.

6   노훈 외 국방발전연구진,《국방정책 2030》, 한국국방연구원, 2010, p.189.

7   기획재정부, "범부처 인구정책TF , 인구구조 변화 대응방안 발표", 기획재정부, 교육부, 국방부, 행정안전부 합동 보도자료., 2019.11.6

8   김상봉 교수, "코로나19 이후 경제대위기 시나리오 점검-팬데믹 충격, L자형 장기침체 확률 매우 높다.", 〈동아닷컴〉, 2020.4.26., http://www.donga.com/news/article/all/20200426/100806958/1.

9   노훈 외 국방발전연구진,《국방정책 2030》, 한국국방연구원, 2010, p.189.

10 김남국, "국가 안보와 인간안보", 〈머니투데이〉, 2020.3.16. https://news.mt.co.kr/mtview.php?no=2020031514063346275.

11 김지영, "[인구대책] 20년 뒤 학령인구 30% 감소, 병역의무자는 반토막", 〈머니투데이〉, 2019.11.6.,http://www.etoday.co.kr/news/view/1818619.

12 범부처 인구정책 TF 발표 다수의 언론보도 종합(2019.11.6.일자, 11.7일자): 〈서울신문〉, 〈조선일보〉, 〈중앙일보〉 등.

13 이근평, "현역이 모자란다. 산업요원 2,000명 축소, 의경 3년 뒤 폐지", 〈중앙일보〉, 2019.1.8., A8면: 2014년 육군에서는 윤 일병 가족 행위 사망사건 조사 결과를 발표하면서 현역판정비율의 문제에 대해 이렇게 얘기한바 있다. "2013년 현역 입영자 32만 2,000명 중 심리이상자가 2만 6,000명에 달했습니다." 현역판정비율이 91%로 높아지면서 종전 4급 사회복무요원으로 분류된 군에 안 가던 사람들이 대거 현역으로 군에 입대하면서 군의 관리 부담이 커졌다는 것이다. 이들을 관심병사로 분류하여 군인 1~2명이 추가로 이들을 관리하는 부담도 커졌다. 이후 현역판정률이 80%대로 낮아진 이후 유사한 사건은 거의 일어나지 않고 있다.

14 조관호, 이현지, "외국 사례 분석을 통한 미래 병력운영 방향 제언," 주간국방논단, KIDA, 2017, p.4.

15 이준일, "혼혈인 병역면제의 평등권 침해성",「고려법학」제52호, 고려대학교 법학연구원, 2009, p.48-49.

16 독고순, 김푸름, "저출산의 심화와 선진국의 군 인력 획득 이슈", 주간국방논단, 2017, p.5.

17 동정민, "병력 부족에 허덕이는 英-獨", 〈동아일보〉, 2018.11.7., http://news.donga.com/3/all/20181107/92760688/1.

18 홍성표, "프랑스 국방개혁 교훈을 통해 본 한국군 개혁방향", 新亞細亞 제12권 4호(2005년 겨울), p.128~131 ; 국방대학교,《2003~2008 프랑스 국방계획법》, 2005.

19 독고순, 김푸름, "저출산의 심화와 선진국의 군 인력 획득 이슈", 주간국방논단, 2017, p.5.

20 기획재정부, "범부처 인구정책TF , 인구구조 변화 대응방안 발표". 기획재정부, 교육부, 국방부, 행정안

전부 합동 보도자료, 2019.11.6.

21 이두걸, 조용철, "범부처 인구정책TF 발표". 〈서울신문〉, 2019.11.7., A5면.

22 서울경제 논설위원, "병력자원 줄어드는데 복무 기간 단축 강행할건가.", 〈서울경제〉 사설, 2019.11.7.

23 유용원, "전문兵 15만 명 뽑고 일반兵 복무 1년으로 단축", 〈조선일보〉, 2015.9.24. http://news. chosun.com/site/data/html_dir/2015/09/24/2015092400287.html.

24 2015년 국회에서 개최된 전문병사제도 관련 공청회에서는 바로 이 유급지원병의 낮은 충원률이 전문 병사제도를 시행하기 어려운 반박 근거로 제시되기도 하였다.

25 또 군 인력 구조상 유급지원병을 '병'이 아닌 '간부'(전문하사)에 넣다보니 간부 확대가 본격화된 2013 년경부터 채워야 할 정원 주머니가 매년 더 커진 셈이다. 분모에 해당하는 정원이 커지니 채워야 할 인 력도 커지고 충원율을 높이기가 어려워진 측면도 있다.

26 정길호, "현역 의무복무 기간 18개월이 적합하다.", 〈조선일보〉 오피니언, 2018.8.14., "징집 자원이 감소하는데 복무 기간을 단축할 수 없다는 주장은 국가 인적자원의 효과적인 활용과 군 병력 구조의 간 부 중심 전환을 경시하는 관성적 판단에 기인하는 것이다."

27 정현용, "밀리터리 인사이드: 왜 육군 '허리'에 비상 걸렸나", 〈서울신문〉, 2020.2.27. https:// m.seoul.co.kr/news/newsView.php?cp=seoul&id=20200228039002#csidx6288cdd9ebbb a44aae6e88eda8849bc.

28 정부합동 보도자료, 2019.11.21., "병역 이행의 공정성 공익성 강화를 위한 대체복무제도 개선 방 안", 참여 부처: 국방부, 교육부, 과기정통부, 산업부, 해수부, 문체부, 중기부.

29 홍의현, "「병역특례법」 개선과 폐지의 갑론을박", 〈시사매거진〉, 2018.10.4.

30 권세진, "안보위기 북유럽 국가들 속속 여성 징병제 도입", 〈월간조선〉, 2017년 11월호, http:// m.monthly.chosun.com/client/news/viw.asp?ctcd=A&nNewsNumb=201711100039.

31 「병역법」 시행령상 관련조항(제 136조 외관상 명백한 혼혈인)

32 "'20년 이내 남북통일' 기대치 71%, 숙의과정 후엔 36%", 〈세계일보〉, 2018.12.9. http:// m.segye.com/view/20181209001845 : 국회미래연구원이 발표한 '한반도의 미래 공론조 사'(2018.12월)에 따르면 '통일 시기에 대한 견해'에 대한 설문조사에서 11~20년 이내'라는 응답이 32.8%로 가장 많았고 6~10년 이내(29.3%), 21~30년 이내(18.1%) 순이었다. 그러나 대상자를 대상으로 충분한 숙의 과정을 거친 후 다시 한 조사에선 '31년 이후'라는 응답이 32%로, 21~30년 이내(28%)도 크게 증가하였다고 한다.

33 정현용, "밀리터리 인사이드: 왜 육군 '허리'에 비상 걸렸나", 〈서울신문〉, 2020.2.27., https:// m.seoul.co.kr/news/newsView.php?cp=seoul&id=20200228039002#csidx6288cdd9ebbb a44aae6e88eda8849bc.

역사와 쟁점으로 살펴보는 한국의
병역제도

역사와 쟁점으로 살펴보는
한국의 병역제도

김신숙 지음

ⓒ김신숙, 2020

초판 1쇄 2020년 08월 01일 발행

ISBN 979-11-5706-208-9 (93390)

만든사람들

기획편집	배소라
편집도움	이병렬 오현미
디자인	ALL designgroup
마케팅	김성현 김규리
인쇄	천광문화사

펴낸이	김현종
펴낸곳	(주)메디치미디어
경영지원	전선정 김유라
등록일	2008년 8월 20일 제300-2008-76호
주소	서울시 종로구 사직로 9길 22 2층
전화	02-735-3308
팩스	02-735-3309
이메일	medici@medicimedia.co.kr
페이스북	facebook.com/medicimedia
인스타그램	@medicimedia
홈페이지	www.medicimedia.co.kr

이 도서의 국립중앙도서관 출판예정도서목록(CIP)은
서지정보유통지원시스템 홈페이지(http://seoji.nl.go.kr)와
국가자료종합목록시스템(http://www.nl.go.kr/kolisnet)에서
이용하실 수 있습니다. (CIP제어번호: CIP2020030207)